Die Kunst
des guten Lebens
52 überraschende Wege
zum Glück

清醒思考的策略

[德] 罗尔夫·多贝里——著
(Rolf Dobelli)
杨耘硕——译

中信出版集团 | 北京

图书在版编目（CIP）数据

清醒思考的策略 /（德）罗尔夫·多贝里著；杨耘硕译 .-- 北京：中信出版社，2019.7（2025.10重印）
ISBN 978-7-5217-0694-9

I. ①清… II. ①罗… ②杨… III. ①思维形式—通俗读物 IV. ① B804-49

中国版本图书馆 CIP 数据核字（2019）第 103468 号

清醒思考的策略

著　　者：[德] 罗尔夫 · 多贝里
译　　者：杨耘硕
出版发行：中信出版集团股份有限公司
（北京市朝阳区东三环北路 27 号嘉铭中心　邮编　100020）
承 印 者：北京盛通印刷股份有限公司

开　　本：880mm × 1230mm　1/32　　印　　张：10.5　　字　　数：198 千字
版　　次：2019 年 7 月第 1 版　　印　　次：2025 年10月第 14次印刷
京权图字：01-2018-7302
书　　号：ISBN 978-7-5217-0694-9
定　　价：59.00 元

献给我的妻子萨比内

以及我的双胞胎儿子努马和艾维

目　录

序　言

从 2500 年前的古代开始，甚至比这还早的时候，人们就开始提出各种关于美好生活的问题：我应当如何生活？美好生活是由什么组成的？命运和金钱究竟扮演了何种角色？生活是否美好，这究竟是由个人的观念和态度决定的，还是更取决于我们能否切实实现各种人生目标？我们更应该做的，是追逐幸福还是避免不幸？

这类问题每一代人都会重新提出，然而答案却总会令人失望。为什么呢？因为人们总是在寻找唯一的原则、唯一的准则、唯一的规则，然而这个能带来美好生活的圣杯却并不存在。

思维的革命正在不同的行业中悄然发生。在科学界、政界、商界、医药界等领域中，我们都已经意识到了一点：这个世界实在是太复杂了，复杂到无法用一个伟大的设想或有限的几条准则来概括。我们需要一个装满了思维方式的工具箱，来帮助自己理解这个世界，而这样的一个工具箱，我们在实际生活中也同样需要。

过去的200年里，人类创造了一个无法依靠直觉来理解的世界。

所以，无论是企业家、投资者、经理、医生、记者、艺术家、科学家、政客，抑或是你我之辈，谁如果不能求助于提前准备好的思维工具，那他便会成为生活中的失败者。

你也可以将自己针对思维方式和态度的积累称为“生活的操作系统”，然而我却更喜欢“工具箱”这个古老的比喻。

无论如何，请记住一点：思维工具比学识更重要，也比金钱、感情和智商更重要。

几年前，我开始编写自己针对美好生活而总结出的思维工具。我在此过程中调用的资源，有些来自已经在一定程度上被遗忘的古典时代，有些则来自最前沿的心理学科研成果。

如果你愿意，也可以将本书的主题定为“适用于21世纪的古典生活哲学”。

多年来，为了能经受住生活带来的各种大大小小的挑战，我每一天都在使用这些思维工具，而它们也在几乎所有层面上改善了我的生活（虽然我的头发日渐稀疏，皱纹也逐渐增多，但这并不会影响我的快乐）。

所以，作为受益者，我可以心安理得地将自己的思维工具推荐给你：这 52 种思维工具虽然不是美好生活的绝对保证，却能大大提升你拥有美好生活的概率。

1 心理账户

如何将损失转化为收益

伯尔尼高速路出口前不远的地方隐藏着一个灰色的测速仪，我本该意识到这件事，因为它已经在那里好多年了，真不知道当时自己脑子里在想些什么。让我回过神来的，是测速仪的拍照闪光。我扫了一眼车速表，确定自己至少超速了 20 迈，而且方圆数里内没有一辆同样超速的车可以给我当替罪羊。

第二天到了苏黎世，我远远就看到警察将违章停车罚单夹在了我的雨刷器下。好吧，我的确违章停车了，因为当时停车楼已满，而我又恰好有急事。苏黎世城区内的合法停车位就像南极洲的躺椅一样稀少。电光石火之间，我曾想跑到楼下去，但我马上想到了自己站在警察面前的情景：顶着蓬乱的头发，卑躬屈膝地向警察解释当时的困境。还是算了吧，因为多年的经验已经告诉我，这么做只会让自己沦为笑柄，让我的内心感受到自身的卑微，并因此辗转反侧。

过去我会被交通罚单激怒，而现在面对这些罚单时，我却会一笑了之，并从自己的“捐助账户”中扣除相应款项。为了应付违章罚款之类的“好事”，我每年都会往这个捐助账户里预存 10 000 瑞郎。从心理学的角度来看，我们可以将这类简单的计策称作“心理账户”。这其实涉及了一个经典的思维误区：人们对待一笔钱的方式，是由这笔钱的来头决定的。举个例子，如果你在大街上捡了一张百元大钞，比起自己挣的 100 元，你肯定会更快、更随意地花掉它。罚单的例子告诉我们，为了能获得内心的平静，我们应当积极利用这个思维误区来故意骗过自己。

想象一下，此时的你正身处一个贫穷的国家，在赶路的时候，你突然发现自己的钱包不翼而飞。不久之后，你找回了钱包，并发现除了现金之外，钱包里的其他东西都还在。你是会把这件事看成一次抢劫，还是一次捐赠，即把钱捐给了一个境况很可能不如你的人？现金被偷是事实，这一点我们无法通过思考来改变，但这件事的意义，以及对这场意外的解读，则是我们可以控制的。

对事实进行建设性解读，这一点与美好生活息息相关。比如我会在心中将商店或餐厅里的标价多算 50%，对我而言，在个人所得税被扣除之前，这个钱才是一双鞋或者一条香煎比目鱼真正的价格。假如一杯葡萄酒标价 10 欧元，那我必须要挣 15 欧元才消费得起。这个“心理账户”策略令我受益良多，让我能够把控自己的支出。

我更乐意预先支付酒店的费用，这样我就不会让自己在巴黎的浪漫周末最终毁在账单上。正如诺贝尔奖获得者丹尼尔·卡尼曼的峰终定律所诠释的那样，我们对度假的记忆最终会停留在旅途的高潮和结尾上，其他部分则会被忘却（这一点我们还会在第 20 章深入讨论）。如果旅行以一张令人生畏的账单收场，那你一辈子都会记住它。想象一下吧：高傲的前台人员像发布行军指示一样掏出了账单，这其中包含了令人不解的杂费，而这些杂费可能是店家伙计由于你的法语不流利而故意加上去的。所以，心理学家都懂得“预先承诺”原则，即付款在前，消费在后。这个涉及“心理账户”的小把戏，的确能够更好地化解付款带来的痛苦。

我同样会以这种漠然的态度来看待缴税这件事：既然无法以一己之力改变目前的税务系统，那不妨将我美丽的故乡伯尔尼所能提供的福利和科威特、利雅得或者水泥丛林般的摩纳哥，甚至月球表面来比一比吧，这些地方可都是不用缴纳个人所得税的。权衡之后，我还是更乐意留在伯尔尼。那些为了避税而搬到蛮荒之地的人，给别人留下的印象往往都是顽固和小心眼儿。有趣的是，迄今为止，我和这类人做的所有生意都非常糟糕。

钱无法给人带来快乐，这是个众所周知的道理，但我还是想劝你一句，不要总是翻来覆去地琢磨几块钱的得失。一杯啤酒是比平时贵了两块钱还是便宜了两块钱，这种事我已经逐渐看淡。我省下的不是这笔钱，而是由此引发的不安。道理很简单：我的股票账户中每一分钟的价值变化都不止两块钱，而我当然不会因为德国股指大盘跌了 0.001% 而情绪激动。你同样可以这样做：确定一个类似的数值，即一个小小的、对你来说无关紧要的额度，这笔钱对你来说根本不算是钱，而更像是能促进睡眠的白噪声。你并不会因为这个想法而损失什么，尤其不会失去内心的平静。

在经历了很长一段无神论的生活后，我曾在 40 多岁时最后一次固执地寻找上帝。那时，艾因西德伦修道院中那些友好的本笃会修道士将我作为客人收留了几周。我很喜欢回忆这段远离尘嚣的日子，没有电视，没有网络，手机信号也几乎穿不透修道院厚厚的墙壁。然而我最享受的还是用餐时的肃静，交谈是绝对禁止的。虽然我没有找到上帝，但却发现了一个新的心理账户策略，这个策略并不涉及钱，而是关于时间的。斋堂（修道院就餐大厅）中的餐具都放在一个大约 20 厘米长的小黑棺材里。开始就餐时，我们会打开棺材的盖子，然后拿出被精心包裹在布中的餐刀、叉子和汤勺。这为我们传递了一个信息：你其实已经死去了，现在发生的一切对你来说都是额外的馈赠。这真是一个绝佳的心理账户技巧，它让我懂得了珍惜光阴，并且不要将时间浪费在激动的情绪上。

你厌恶在柜台前排队，在牙科诊所等待就诊，或者在高速路上堵车的时光吗？你的血压瞬间就飙升到了150，身体也开始分泌压力激素了？与其为此激动，倒不如想一想：这种激动情绪是毫无必要的，并且会日复一日地侵蚀你的身心，如果能摆脱它，那你就能多活一整年。这白白获得的一年绝对可以装下你一生中所有的等待时间，而且还会富余不少。总而言之，你虽然无法追回那些已经失去的时间和金钱，但却可以重新解读它们。你可以提前准备一套心理账户策略，来帮助自己应付生活中可能遇到的各种情况。你会发现，你越是能熟练地避开思维误区，就越会觉得每一次故意踏进误区都很有趣——我们可以下意识地利用这些思维误区，从而让自己获益。

2 修正的巨大作用

为什么完美的预设是不存在的

假如你正乘坐航班从法兰克福飞往纽约，那你觉得这班飞机有多长时间是行驶在航线上的呢？90%？80%？70%？正确答案是：从没有。如果你坐在靠窗的位置，只要扫视一下机翼边缘，便能观察到副翼的躁动——副翼就是用来不断修正航线的。自动驾驶系统每秒钟都会数千次计算飞机实际航线和预设航线间的偏差，然后将校正的指令传导到副翼。

我常常驾驶一架无自动飞行系统的小飞机消遣时光，此时，进行微小修正的任务便属于我的双手。只要我放开操纵杆一秒钟，飞机便会偏移。你在开车的时候也会有这样的经验：即便在笔直的高速公路上，双手也不能离开方向盘，否则你将会偏离行驶路线，并面临出事的危险。

生活的运转方式同飞机和汽车一样，尽管我们更希望让它变成另一种样子：可规划，可预见，无干扰。如果真能如此，那我们只需要专注于预设，专注于理想的起始状态就好。教育、事业、爱情，如果一开始就能做出完美的规划，之后再如预期般完成目标，那该多好。然而正如你所知，生活并非如此。生活这架航班总要不断地经历气流，我们要同所有可能出现的侧风和恶劣天气做斗争。尽管如此，我们表现得却如同一个天真的、期待着好天气的飞行员一般。我们高估了预设的作用，低估了修正的作用。

作为一名业余飞行员，我明白了一点：起飞的状态并不是那么重要，关键是起飞之后的调整。这个道理自然界在数亿年前便明白了——在细胞分裂的过程中，遗传物质总会出现复制错误。所有的细胞中都会有负责在后期修正此类复制错误的分子，倘若这样的DNA（脱氧核糖核酸）修复没有发生，那我们在出生后几个小时便会死于癌症。我们的免疫系统也是如此：免疫系统并没有既定方案，因为它遭受的威胁是不可预知的。可恶的细菌和病毒会持续不断变异，所以免疫系统也需要通过持续修正才能发挥作用。

一段婚姻看似完美，夫妻双方也般配合拍，然而这段婚姻最终走向了破裂。下次再听到这等事，你大可不必为此吃惊。

这便是一个“高估预设”的典型案例，因为只要体验过5分钟的夫妻生活，我们就会明白，如果没有连续微调和修正，日子根本就没法过下去。每一段感情都需要持续维系。美好的生活是一种状态——这是我最常见到的误区。错！只有通过后期不断调整，我们才能让生活变得美好。

为什么我们如此不愿意进行校准和修正？因为，我们会将每一次微小的调整视作一个计划错误。我们往往会告诉自己，计划并没有奏效。我们遭受了沉重的打击，觉得自己是失败者。然而事实上，计划几乎永远也不会完全实现。如果某个计划真的没经历调整便得以实现，那也是纯属意外。美国上将，随后还曾担任总统的德怀特·艾森豪威尔曾经说过：“计划本身一文不值，计划的过程才是一切。”关键并不是制订一个一成不变的计划，而是不间断地持续规划，这个过程是永远不会停止的。最迟等到己方部队遇到敌方部队时，艾森豪威尔就会意识到所有的计划都已经过时了。

宪法是一个国家的根本大法，其他法律都要以宪法为基础来制定。宪法本应具备相应的长效性，然而没有一部宪法从未被修正：美国于1787年制定的第一部宪法已经有了27个修正案；瑞士联邦宪法自1848年颁布，已经经历了两次彻底修订和几十次部分修订；1949年颁布的德国宪法迄今为止已经被修订过60次。这种修订没什么不光彩的，相反，这是一种极为理智的做法。这种修正能力，正是每一个国家正常运转的基石。投票选出那位正确的先生或女十（即“正确的预设”）并非关键，能够不经历流血冲突就让那位错误的先生或女士下台，这才是关键。在所有的国家制度中，民主制度是唯一将修正机制植入自身的制度。

遗憾的是，我们在其他领域却没有如此乐于修正。教育系统很大程度上都是以预设为导向的：学识和文凭暗示我们，尽可能拿到含金量高的毕业证书，以及为职业生涯创造尽可能理想的先期条件，才是生活中最重要的部分。但毕业证书和职业成就间的关联却越来越小，与此同时，调整方针的能力则显得越来越重要，然而学校却几乎不会培养这种能力。

在个人人格发展领域，我们也能观察到同样的现象。你至少认识一个在你眼中成熟、睿智的人。你觉得是他的“预设”令他变得如此明智，如完美的出身、榜样般的家庭、顶级的教育，还是他自我修正的作风——针对自己的困难和不足开展不懈的工作——帮助他排除了生活中的万难？

我们必须把修正带来的“耻辱感”放到一边。与那些花了很多时间构建完美的“预设”，并徒劳地期待自己的计划能够绽放的人相比，能够早早开始调整的人将会占据优势。理想的教育是不存在的，唯一可行的终生目标亦不存在。这世上没有完美无缺的企业战略、理想的选股方案，或唯一正确的职业，这一切都是神话。正确的做法是以一种预设开始，然后不断修正自己的预设。世界越复杂，你的起点越无关紧要。所以，无论是在职场里还是在生活中，请不要把资源都用在制定完美的预设上，相反，你应该当机立断、毫不愧疚地调整那些不顺利的方面。通过不断调整，你将练习运用修正的艺术。以上这些文字是我用 Word 14.7.1 版输入的，这也算不上什么意外，因为第一版 Word 早就绝版了。

12
1
2
3
4
5
6
10
11

3 誓言

将固执当成一项策略

1595 年，西班牙征服者埃尔南·科尔特斯从古巴出发，来到了墨西哥海岸。在登陆的那一刻，他宣布墨西哥从今往后是西班牙的殖民地，而自己则是这里的最高长官。紧接着他便毁掉了自己的战船，断了军队返回西班牙的后路。

从经济学的角度看，科尔特斯的决策毫无意义。为什么要预先排除回去的可能？为什么不给自己另一种选择？经济学最重要的原则之一便是选项越多越好，而他为什么要放弃自己的选择呢？

在一些必须出席的商务晚宴上，我和某位跨国企业的总裁每年都能见上两三次面。多年来我发现，他每次都会放弃饭后甜点。直到不久之前，我都会觉得他的做法不符合逻辑，有点像苦行僧。为什么要从原则上排除这个甜蜜的选项？为什么不视情况而定？为什么不依照自己的体重、主餐的丰盛程度，或饭后甜点的吸引力来做决定？彻底放弃甜点的决定，虽然没有像断了回家的路那样引人注目，但两件事乍一看都是毫无必要的。

克莱顿·克里斯坦森是全球重要的管理思想家之一，令这位剑桥大学教授出名的是他的全球畅销书《创新者的窘境》。这位虔诚的摩门教徒用誓言来指引自己的生活。“誓言”是一个古老的概念，意味着向上帝许下的不可违背的诺言。如果你觉得这个概念已经过时了，那你也可以将其称为“绝对的承诺”。然而我却是老概念的粉丝，因为现在人们已经在过度地，有时甚至是虚伪地使用“承诺”这个词了，比如“我们承诺改善世界的现状”。此外，“誓言”只能出自个人，不能出自团体。

克里斯坦森曾在早年观察过很多管理者，他们的共性是将自己前半生完全奉献给了事业，只为了能够逐渐摆脱经济的束缚，以便将后半生完全奉献给家庭。但糟糕的是，这些管理者的家庭往往不是四分五裂，就是早已弃他们而去。所以克里斯坦森曾许下一个誓言。他向上帝发誓，自己在周末不会工作，并会在工作日和家人共进晚餐，尽管这意味着他有时凌晨 3 点钟就要赶往办公室。

在我第一次听说这些的时候，我觉得克里斯坦森的行为缺乏理智、顽固且不划算。为什么要这么固执？为什么不能视情况而定？有时候人们就是要周末工作，然后到周一、周二再平衡一下时间。灵活是一个优点，特别是在这个一切都在变化的时代中。

今天，我的看法已然不同。在重要的事情中，灵活并非优势，而是一个陷阱。征服者科尔特斯、拒绝饭后甜点的总裁，以及克莱顿·克里斯坦森，他们身上有一个共性，即凭借极端固执而完成了长期目标。为什么会如此？原因有两个：首先，谁如果在每一个情景中都要重新做出选择，那他便会丧失意志力。这种现象的专业名词是“选择疲劳”。一旦大脑由于之前做了太多的抉择而感到疲惫，那它则会选择最容易的方案，而这个方案往往是最差劲的。“誓言”的意义在于，一旦许诺，那么你便不必每次都反复权衡利弊。你的决定已在眼前，而且没有消耗任何脑力。

其次，固执之所以有它的意义，还与尊严有关。通过在某些方面长期坚持不妥协，你将展现自己的立场，并表明哪些事情对你来说是不容商榷的。你将表现得从容镇定，并能让自己在一定程度上免受攻击。冷战时期的相互威慑正是基于这种效应。美国和苏联都知道，首先遭受核攻击的一方定会立即展开报复，这无须思考，也没有任何权衡空间。是否要按下发射核武器的红色按钮，这个决定双方都已提前做好——率先发射则绝不属于备选方案。

对国家适用的原则，对个人来说同样适用。无论你的誓言是什么，如果你能坚持依照自己的誓言生活，别人就会逐渐停止打扰你，让你获得安宁。

以传奇投资者沃伦·巴菲特为例，他的原则就是拒绝再次谈判。谁如果想把自己的公司出售给巴菲特，那他只有一次“开火权”，即只有一次报价机会。巴菲特要么会买下这家公司，要么会拒绝。如果这家公司对他而言太贵，那么卖家也没必要再用更低的报价来继续尝试了。每个人都知道，他的“不”就是“不”，并且永远都会是“不”。

正是通过这种方式，巴菲特拥有了“不善变通”的名声，并借此确保自己从一开始就能获得最好的报价，并且不必同那些不靠谱的小商人纠缠。

承诺、誓言、无条件的原则，这听起来简单，实际上却并非如此。

想象一下，假如你开着一辆装满炸药的卡车行驶在笔直的单行道上，而此时道路的另一端同样开来一辆卡车，也装满了炸药，这时谁会首先避让？

要想获胜，即让对方首先闪开（如果对方保持理智），你必须要让他相信自己不让路的信念比他更加坚定。举个例子，如果你能让对方看到自己已经锁死了方向盘，并将钥匙扔出了窗外，那么你便展现出了极其强大的决心。坚定、彻底、令人信服的原则，方能让你传达出的信号发挥效果。

告别对变通的狂热崇拜。变通会令人郁闷、疲惫，并会悄悄转移人们对目标的专注力。

请坚守自己的誓言，毫不妥协。100% 的坚持，会比 99% 的坚持更加简单。

4 黑匣子思维

为什么每次跌倒都会让生活更加美好

英国的哈维兰彗星 1 型客机是世界上第一种被量产的喷气式客机。然而，1953—1954 年，该型号的客机却发生了一系列神秘的空中解体事故：一架飞机在从加尔各答机场起飞后不久便坠毁了；随后，还有一架在飞跃厄尔巴岛的时候机身解体；仅仅几周之后，又有一架彗星 1 型客机坠入大海。以上三起空难均没有幸存者。于是该型号飞机被禁飞，但由于没人能找出事故的原因，所以英国随后又取消了禁飞令。但仅仅复飞两周后，该型号客机又一次在进入尼泊尔前坠毁，这起事故也永久地终结了彗星 1 型客机的使命。

随后人们发现了飞机方形机窗的缺陷：机窗的尖角引发了细小的裂纹，这些裂纹会沿着机身延展，最终会导致客机解体。所以，如今的乘客只能透过圆形的机窗来看风景了。然而，还有一件事情比这更加重要：戴维·沃伦建议在每一架飞机中安装一个无法被破坏的航行记录仪（之后被称作“黑匣子”），他的这条建议最终得到了执行。黑匣子每秒钟都会记录数以千计条数据，比如驾驶舱中飞行员之间的谈话，让我们得以精准地分析事故的原因。

几乎没有哪个领域会像航空业一样如此认真地对待错误。机长萨伦伯格在将飞机史诗般地迫降到哈得孙河之后，曾说过这样一段话：“航空领域中的所有知识、所有规则、所有程序，它们之所以存在，都是因为曾经有飞机在某个地点坠毁过。”每次坠毁事故都会令之后的航行更加安全。这个可被称为“黑匣子思维”的原则，是一个很好的心理工具，并且可以被应用到生活的其他领域。

和航空业相比，作为个体的我们却恰好是个反例。想象一下，假如你几年前买了每股 100 块的股票，而现在股价已经跌到了 10 块钱，那你会怎么想？你当然希望，甚至会乞求股价迅速回升，或是已经开始咒骂大盘的操作，或是借酒消愁。只有极少数人会接受这个现实，并开始分析自己的“飞行记录仪”。在这个过程中，有两点是必不可少的：（1）彻底接受；（2）黑匣子思维。

“股票并不知道你买了它，”巴菲特曾经写道，“你对自己的股票拥有一切情感，你能回想起来有关股票的一切细节，比如你为此花了多少钱，以及是谁向你推荐了它，然而股票却不管这一切。”巴菲特关于股票的叙述在几乎所有领域都适用。你账户中的亏空——无论你对此有何感受，亏空就摆在那里；你给经理写的那封愤怒的邮件——无论你为了让自己原谅这次小小的情绪爆发，而在事后喝了多少杯酒，这封邮件毕竟已经发出去了；还有在体内肆虐的癌细胞，它才不管你还抱有哪些不切实际的幻想呢。

伦敦商学院心理学家保罗·多兰曾经描写过，体重增加的人，是如何逐渐将自己的关注点转移到那些与体重关系不大的事情上的（如工作）。为什么呢？因为转移注意力比减肥更简单。然而事实却毫不关心你的关注点、兴趣和动机。你是怎么看世界的，你在此过程中获得了哪些感受，世界完全不会在乎。我们要阻止大脑制定此类能让自己迷失的策略。

伯特兰·罗素曾说：“铲除滋生自我欺骗的土壤，是获得稳定、持续的幸福的前提。”这个说法的确有些夸张了，因为稳定、持续的幸福是不存在的。但他说对了一点：自我欺骗与美好的生活并不合拍。如果我们愿意接受现实，那么接受现实会很简单。其实，在我们不愿意的时候，即便在我们极不愿意的时候，也必须接受现实。罗素还举了一个例子，一位总是失败的剧作家应当冷静地考虑一下，自己的作品也许真的一文不值。也许你不写剧本，但你肯定能想到自己生活中的例子：也许你完全没有学外语的天赋，也许你就是不适合当经理，也许你天生就没有运动员般的体魄，你应该考虑到这些因素，以及它们带来的后果。

如何才能做到对缺点、失败和打击的彻底接受？如果依靠自己的力量，那我们会觉得吃力。我们看别人往往比看自己更加透彻，所以，我们常常会对他人失望，却很少对自己失望。要想把自己看得更清楚，最理想的前提条件是拥有一个你信得过的，并且能毫不掩饰地告诉你真相的诤友。可即便如此，你的大脑也仍然会尝试美化那些“不理想的”事实，但随着时光的流逝，你会逐渐学会认真对待他人的评价。

正如上文所述，除了彻底接受以外，你还需要一个“黑匣子”。请为自己打造一个“黑匣子”，并在做出重要决策的时候将头脑中所有的想法都记录下来，包括假设、思考过程以及结果。如果你的决策最终被证明是失败的，那你便需要查看一下自己的“黑匣子”（这个“黑匣子”不必坚如磐石，一个笔记本便足矣），并仔细分析一下是哪些想法引发了错误，一切就是如此简单。只要你了解了失败的原因，你的人生就会因为这次糟糕的失败而变得更加美好。如果你无法解释自己究竟错在哪里，那你就还没有看懂这个世界，也没有看懂你自己。换句话说，如果无法解释自己的跌倒，那你下次还会跌倒。坚持不懈地进行分析，绝对是值得的。

顺带提一句，“黑匣子思维”不仅能在私生活里派上用场，在商界中亦是如此。它应当成为每一次商业行动中的标准操作。

然而仅仅依靠彻底接受现实和“黑匣子思维”还不够，你必须在将来的生活中避免已经查出的错因。巴菲特的商业伙伴查理·芒格曾说过：“如果你不去着手解决一个问题，而是一直等到它变得无法解决，那你真是太愚蠢了，这份愚蠢让你理应接受问题的惩罚。”不要等到结局不可收拾。想象一下，假如你没带降落伞就从一架飞机上跳了下去，那么你依旧会有几分钟的好光景——仍可以享受良辰美景、徐徐清风，以及那种自由的感觉，但此时你面临一个巨大的难题。即便面临的问题没有如此棘手，你也应当在脑海中回想一下上面的场景。亚历克斯·哈利曾警告过我们：“如果你不去应对现实，那么现实就会对付你。”

你要接受现实，而且要彻彻底底地接受，包括那些你不喜欢的方面。即便目前接受现实对你来说十分艰难，你也要这么做，它会给予你回报。生活不易，即便身处美好的生活之中，你也必须让自己能够应付诸多失败。偶尔跌倒是难免的，重要的是找出跌倒的原因，并在今后排除这些因素。麻烦可不是高品质的波尔多红酒，它不会随着时光的流逝而变得越来越醉人。

5 适得其反

为什么节省时间的因素往往会成为时间的窃贼

毫无疑问，同徒步前行和乘坐马车相比，汽车令出行效率得到了量子跃迁般的提升。时至今日，我们不必再以每小时 6 公里的速度步行穿越一片地区，也不必以每小时 15 公里的速度坐着马车在崎岖的道路上颠簸。在德国的高速路上，我们可以轻松地把车开到 160 迈（约 256 千米 / 小时）。即便不是每次开车都能如此顺畅，那你觉得自己汽车的实际平均速度会是多少呢？在继续阅读之前，请把你估计的数据写在这一页边缘的空白处。

你是如何估算的？你的结果是用年度里程除以年度行驶时

间得到的吧，这也是每一台车载电脑能提供的估算数据。我的路虎发现款汽车提供的数据是每小时 50 公里。其实，这个估算是错误的。你必须把以下几个因素考虑进去：（1）为了挣出买车钱而花费的工作时间；（2）为了支付保险、维修保养、汽油费用和罚单而花费的工作时间；（3）为了挣出前两点所需要的钱，开车去工作时花费在路上的时间（包含堵车的时间）。天主教神父伊凡·伊里奇就为美国国内的汽车算过这笔账。结果，美国汽车的真实平均速度才刚刚达到每小时 6 公里，也就是步行的速度。这是 20 世纪 70 年代的计算结果，当时的美国人口比现在要少 40%，而高速路网络却和现在一样庞大。今天，美国的真实行驶速度肯定要远远低于每小时 6 公里。

伊里奇将这种效应称作“反生产力”。这个概念表述了一个事实，即很多科技产物乍一看为我们节省了时间和金钱，然而只要计算一下所有的成本，这种节省的效果便不复存在。无论你最喜欢的出行方式是什么，你都应当注意，“反生产力”是一个应当远远躲开的决策陷阱。

以电子邮件为例，孤立来看，邮件真是个绝妙的工具。写一封邮件并发出去，那真叫快，而且还不要钱。其实，表象是会骗人的。每一个邮箱地址都会吸引垃圾邮件，而这些垃圾邮件必须要被筛选出去。更严重的是，邮箱接收的信息绝大部分都毫无价值，但你不得不先阅读这些信息，才能决定是否有必要和对方谈判，这是对时间的巨大浪费。要想计算得更精确，我们还要考虑为此配备的电脑和智能手机的成本，以及更新软件所花费的时间。大致算下来，每封重要邮件的成本是一欧元，这其实和寄一封传统信件的成本差不多。

再以幻灯片为例，在过去，一场为众多企业管理者或客户做的报告，是由一连串被流利表达的论据组成的。手稿对于报告而言已经足够，最多再用投影仪展示一点儿内容作为补充。随着 1990 年 PowerPoint（演示文稿，简称 PPT）的面市，千百万管理者，以及他们的助手，突然开始将无数的时间花费在 PPT 上，只为添加耀眼的色彩、古怪的字体，以及看似有趣的翻页效果。由于大家突然都开始使用幻灯片，所以它的视觉冲击力很快便消失了，对幻灯片的投入净利润为零。这就是典型的“军备竞赛效应”（详见第 46 章）。此外，我们还要考虑“反生产力”的成本，即为学习了解这款软件，不断地更新软件，以及制作并美化背景所花费的无数时间。我们往往会将 PPT 当成一款能提高工作效率的软件，但实际上我们应当称它为“反效率软件”。

“反生产力”常常会出乎我们的意料，然而在生物学家眼中，“反生产力”却并不新奇。这条规则在自然界中已经存在数百万年了。雄孔雀在与雄性同类的颜值竞赛中，会长出越来越长、越来越美丽的羽毛，但在碰到狐狸的时候，它们就会感受到由此引发的“反生产力”。雄孔雀的羽毛越长、越艳丽，拥有异性伙伴的可能性就越大，但与此同时，它们被猎食动物盯上的可能性也会增大。因此，在过去的几百万年中，在雄孔雀的性吸引力和确保其生存的隐秘性之间形成了一个平衡，羽毛再多长一厘米都会产生反效果。鹿头上的犄角和鸟儿吸引异性的叫声也是如此。

请提前对“反生产力”加以防范，因为它的效果不会立即暴露。我已经让自己习惯了只用一台笔记本电脑（我的家中没有网络），将手机中的 App（应用程序）压缩到最少，并尽可能不用更小巧的新手机换掉还能使用的旧款手机。其他一切科技产品，包括电视、收音机、游戏机、智能手表、Alexa（网站排名查询系统）等，我都不会使用。智能家居真是让我一想就害怕。与其用 App，我宁可亲自动手开关灯，因为这个 App 需要安装、联网并不断更新。此外，我的老式电灯开关不可能被黑客侵袭，这又为我减少了一个“反生产力”因素。

你还能回忆起数码相机面世的那个时代吗？数码相机给我们带来了一种“解放”的感觉：不必再买昂贵的胶卷，不必再花时间冲洗照片，和那些不忍直视的丑照说再见……类似的好处还能举出很多。数码相机看似极大地简化了我们的生活，然而事后回首，这却是典型的“反生产力”现象。今天你要面对一座由照片和视频堆积起来的小山，虽然其中 99% 的内容都是没用的，但你却没时间把这些都清理出去，只能通过本地备份和云存储的方式将其带在身边，而一些大型网络公司却可以看到并窃取这些存储在云空间中的内容。此外，你还要花时间来加工这些照片，这一步肯定不能省。还有那些复杂的图片处理软件，这些软件需要定期更新，而且一旦你买了新电脑，将这些软件移植到新电脑中也是件麻烦事。

科技往往会被打上万能的标签，但经常会给我们的生活品质带来消极影响。快乐生活的一条基本原则是：如果一样东西无法为我们做出真正的贡献，那我们便可以省下它，尤其是针对科技而言。在将手伸向下一个小设备之前，请先打开头脑中的那盏灯。

6 美好生活的消极艺术

不要做错事，正确的事情就会发生

“有胆大的飞行员，也有老飞行员，但胆大的老飞行员是没有的。”作为业余飞行员，我总能想起这句话。与“胆大的飞行员”相比，我显然更喜欢“老飞行员”这个身份，并期待有朝一日也能成为他们中的一员。

当踏入那架 1975 年产的老式单引擎飞机的驾驶舱时，我绝不会在脑海中勾勒出一段惊世骇俗的飞行，而是只会努力避免让飞机坠毁。我了解那些会造成飞机失事的原因：恶劣的天气，缺少检修，疲劳驾机，燃料储备不足。

投资行为虽然不关乎生死，但会关乎一大笔钱。投资者常常会谈到“积极面”和“消极面”。他们会在“积极面”中列举一切可能出现的积极结果（如超乎寻常的利润），而“消极面”中则是所有可预想的不利结果（如资不抵债）。我们也可以将这些概念应用到飞行领域：在起飞前和飞行过程中，我会过度关注“消极面”，并会在一切情况下避免让属于“消极面”的情况发生。相反，我几乎不会关注“积极面”。阿尔卑斯山上的积雪是多么秀美，云朵重叠的形状是多么令人惊叹，我的三明治在高空中味道如何，这些我迟早都会感受到。只要“消极面”被排除，“积极面”就自然会出现。

投资家查尔斯·埃利斯也向所有的业余网球手提出过同样的建议：同那些几乎能将每个球都打回到预期位置的职业球员不同，业余球员会不停地犯错。他们击出的球会下网，也可能会过高或出界。职业网球赛和业余网球赛是完全不同的概念，职业选手会去赢得分数，业余选手则是丢掉分数。如果你是和业余球员比赛，那你需要专注于不犯错误。你应当打得保守，并让球尽可能久地停留在场地上。由于对手并不会像你一样有意识地保守击球，所以他会比你犯更多的错误。在业余网球界，比赛不是赢下来的，而是输出去的。

专注于“消极面”而不是“积极面”，是一种很有价值的思维工具。来自古希腊、古罗马和中世纪的思想家都曾将其命名为“否定神学”，即一条消极的，意味着放弃、忽略和缩减的道路。具体来说，我们无法说清上帝是什么，而只能说上帝不是什么。套用到本书的话题上就是，我们不知道什么能保障我们拥有美好的生活，只知道哪些因素是肯定能破坏它的。

其实，从2500年前开始，哲学家、神学家、医生，以及后来出现的社会学家、心理学家、研究专家、广告经理都在努力寻找那些能使人快乐的因素，然而他们的成果却微不足道。比如有人说社交很重要；有人说找到活着的意义会对我们有帮助；也有人说性爱不会对我们有害，有道德的行为也不会……此类笼统到极点的答案，我们自己也能想得出来。难道不是吗？针对具体的幸福因素，或者说幸福的“积极面”，我们也只能在黑暗中继续探索了。

如果要问哪些因素会极大地影响或威胁一段快乐的生活，那我们便会得到非常精确的答案：酗酒，吸毒，长期的压力，噪声，遥远的上班路程，从事自己厌恶的工作，失业，破碎的婚姻，高得愚蠢的个人期望，贫穷，债务，经济不独立，孤独，和爱发牢骚的人打交道，受困于来自外部的评价，时时刻刻同他人比较，受害者思维，自我憎恶，慢性失眠，忧郁，神经质，愤怒，嫉妒……要想回答这个问题，你完全不用科学来帮忙，只要观察一下自己以及身边的朋友和邻居便足够了。“消极面”总会比“积极面”更具体，它如同花岗岩一般坚硬、可触碰、有存在感，而“积极面”则形如空气。

所以，请有计划地将生活中的“消极面”关闭，这样你拥有美好生活的概率便会大幅提升。当然，命运总可能会给你重重的一击：陨石摧毁了你的房子，战争爆发，孩子生病，公司破产。然而命运——顾名思义——正是属于那些你无法左右的因素，所以你也不必庸人自扰。

也许你还想给这张清单补充一些例子，比如疾病、身体缺陷和离异。无数调查研究已经证明，这类打击带来的影响，其消失速度会比我们想象的快。偏瘫患者在患病的最初几个月只会专注于自己的身体缺陷，所以他们会不开心，但仅仅几个月之后，他们的情绪便会恢复正常。过不了多久，日常生活的内容就会重新在他们的脑海中扮演主角，而疾病则会退到幕后。离婚也是如此，一两年的时间足以让你告别泪水和痛苦。但酗酒、吸毒、长期的压力、噪声、遥远的上班路程等，所有最开始列举的那些因素，我们却无法适应。我们永远也不能简单地排除掉这些因素，它们一直都会存在，并让美好的生活成为泡影。

能够长期成功的投资人，比如沃伦·巴菲特和查理·芒格，都会在投资时运用一些心理学技巧、思考模式和思维工具，而此类技巧在日常生活中也非常适用。其中最重要的一点便是避免“消极面”。在投资过程中，巴菲特和芒格都会首先注意那些应当避免的方面，换句话说，他们在看到“积极面”之前会先看到哪些是不该做的。巴菲特曾说：“我们没有学过如何在经商过程中解决棘手问题，我们只学过如何避免这些问题。”要做到这一点，你并不需要很有才华。他的商业伙伴芒格曾说：“像我们这类没有追逐大智慧，而是努力不做傻事的人，所获得的长期收益是令人难以置信的。”

美好的生活很大程度上取决于避免说胡话、做蠢事或者跟风行动，而不是对极致幸福的追逐。令你生活富足的因素并不是添补，而是节省。或者正如芒格所言：“我最想知道的是我会死在哪里，以便让自己从不涉足此地。”至少在幽默方面，芒格确实有大智慧。

7 卵巢彩票
为什么你的成功并不是你应得的

人们普遍认为，幸福可以拥有，但是成功必须靠自己来打拼。请给自己的人生算一笔总账，然后扪心自问："我到目前为止究竟有多成功？"你可以用一个指数范围来衡量自己：10 代表超级明星，–10 则意味着彻头彻尾的失败。请把答案写在本页的空白处，然后回答下一个问题："你的成就，有几分应当归结到自己身上，即你的奋斗、劳动和投入，换句话说，就是你个人努力的成果？你的成就又有多少是由偶然事件决定的呢，即那些你无法左右的方面？"请将这两个数也记下来。我估计你大概会把个人成就的 60% 算到自己头上，而将另外 40% 视作偶然，这也是我从绝大多数人那里得到的答案。

现在请做一个思维实验，这个实验是我从巴菲特那里了解的。设想一下，有一对同卵双胞胎还在母亲的腹中，两个胎儿的智力和体力都相同。这时突然飞来一位天使，天使对他们说："你们中的一个会在美国出生，而另一个则会出生在孟加拉国，在孟加拉国出生的那位今后将不必缴税。"那么你愿意将未来收入中多大的一部分拿出来缴税，以便能成为那位在美国出生的孩子呢？巴菲特将这个实验称为"卵巢彩票"。你当然可以将美国替换成德国、瑞士或任何一个发达国家，那么你将如何回答这个问题呢？

我问过的绝大多数人都会回答"80%"，而我自己的答案也是如此。我们已经准备好将未来收入中极大的一部分"拱手相让"，以便能在自己期望的国家成长。既然一个理想的出生地在我们看来值这么多钱，那么它对个人成就的影响力也就不言而喻了。

"卵巢彩票"并不局限于出生国。我们是生于某个国家，但这个"生于"还应当精确到某个拥有专属邮编的地区，以及一个特定的家庭。这些因素绝非你能控制的。别人曾为你传输过的价值观、行为方式和原则，都会在今天成为你的助推器或绊脚石，但这些也都是你无法左右的。你被安排进了某个教育体系中，然而里面的老师都不是你找的。你经历了疾病，受到了命运的打击（抑或幸免于难），尽管在这些事件中你都是无辜的。当你陷入了一系列角色之中并需要做决定的时候，你依靠的准则是什么？也许你读了一本书，这本书改变了你的一生，但你是怎么拿到这本书的呢？也许你遇到了一个人，正是他为你打开了人生的一扇门，没有这扇门，你也就走不到今天的位置，那么你应当为这段相识的缘分而感谢谁呢？

即便对自己的命运怨声载道，你也必须承认自己已经三生有幸了。这个星球上所有曾经诞生的人中，有6%生活在目前这个时代。换句话说，自从智人出现以来，过去二三十万年中，只有6%的人生活在今天。你其实完全有可能出生在其他时代，这个概率是94%。想象一下，假如你是古罗马时代的奴隶，或是明朝的歌女，抑或是古埃及的运水工，那你的天赋在当时的环境中究竟价值几何？巴菲特曾经承认过："假如我在几千年前来到这个世界，那我已经是野兽的美味佳肴了，因为我既跑不快，也不会爬树。"而他现在是世界上的大富豪之一。

我有一对异卵双胞胎儿子。那个早出生了40秒的小家伙是黄头发、蓝眼睛，而另一个则是黑头发、黑眼睛。尽管我们尽一切努力为两个孩子创造平等的教育环境，但他们却依旧性格迥异。其中一个总是心情很好，并乐于敞开心扉迎接他的兄弟，而另一个则脾气不太好，并且不太善于同人打交道，但他极强的动手能力则是上苍给予他的补偿。这一切都是天生的。我妻子的基因同我的基因以随机的方式结合到了一起，造就了两个"新人"。你同样也是借助父母基因的随机结合而来到这个世界上的，其他人也是如此。今天的西方人，是由 4000 个活在“太阳王”路易十四时代的人的后代基因结合而成的，你可以在下一次参观凡尔赛宫的时候回想一下这个冷知识。

你现在的状态应当归功于自己的基因，以及让基因型得以展现的外部环境。隐藏于基因之中的信息，还会在很大程度上决定你的智商和性格，即你是内向还是外向，大方还是羞怯，值得信赖还是大大咧咧。如果你认为自己的成就基于异常艰苦的工作、过度紧张的夜班和从不止息的前行，那你的想法也没错，只是你同样应当将这份令你引以为傲的意志力归功于自己的基因型和外部环境。

所以，再回顾一下以上这些事实，你会觉得你的成就中有多大一部分是由自己的辛劳换来的呢？是的，理智的答案应该是 0。其实基于那些你完全无法改变的方面，你的这份成就并非真是你“应得的”。

我们能从中得出两个结论。

首先，你应当保持谦虚，尤其是在成功的时候。你的成就越大，你就越不该四处张扬。谦虚已经过时了，我们很乐意将自己神话般的奋斗经历展示给别人看，或者在网上宣扬。请保持低调。这里所指的谦虚并非虚伪的谦虚，而是发自内心的谦卑，因为谁如果拍了胸脯，哪怕是在没人的时候，那他也会陷入自我的幻觉。骄傲不仅毫无用处，而且从事实上看本身就是错误的。美好生活的基石之一就是摆脱自己的骄傲感（详见第

51 章）。请每天都提醒自己一下：你个人的一切，你拥有的一切，你掌握的一切，这些都是纯粹的随机事件。对那些被幸运选中的人（当然也包括你我）而言，唯一正确的生活态度就是感恩。这种态度还会带来积极的附加效应：懂得感恩的人会过得更开心。这一点已经得到了证实。

其次，请慷慨地、心甘情愿地将手中那份（并非归功于自己的）成果同他人分享，拿出其中一部分来接济那些没有获得成功基因的人，即那些没有在合适的家庭、合适的环境中出生的人。这种行为不仅高尚，而且还关乎理智。捐赠和缴税首先是一种道德行为，而并非仅是经济行为。

8 内省错觉

你要把感受当回事，但不是自己的感受

此时此刻，你看到了什么？有哪些物品是可以被“关上”的？请在继续阅读之前拿出一分钟时间，尽可能详细地描述一下这些物品。

下一个问题是：“你此时此刻感受如何？你能记录下哪些情绪？”请再拿出一分钟时间，尽可能详细地描述一下你的感受，然后再往下读。

对于第一个问题，你的答案肯定相当精确：你看到了面前的书页，白纸黑字。也许你抬起头来将房间扫视了一遍，看到了家具、盆栽和墙上的图片。无论你看到了什么，描述这些东

西对你来说都很容易。

再来看看第二个问题的答案。针对这个涉及个人感觉的问题，我猜你给出的答案定会相当模糊。也许你此时此刻情绪不佳，但你的内心究竟做何感受？你正处于愤怒、失望、烦闷、急躁或愤世嫉俗的情绪中吗？如果是，那是为什么呢？相反，如果你心情正佳，那又是因为什么呢？也可能此时并没有什么情绪左右着你，或者在读到问题之后，你的情绪才浮现出来。

如果你在描述个人情绪的时候觉得吃力，那你大可不必为此懊恼，因为这和你的语言能力无关。在德语中有大约150个形容词能用来描述我们的各种情绪，而英语中这类形容词的数量甚至还要翻一番。和描述颜色相比，我们在表达情绪时有更多的词可用。尽管如此，我们还是无法对自己的心情进行清晰描述。针对这种能力缺失，斯坦福大学的埃里克·施维茨格贝尔教授的评价是："对当前的情绪进行自我观察，这么做只会得出错误的、不可信的、误导性的结果。这种偏差不是偶尔出现，而是会源源不断地大量出现。我不觉得看不清自己内心的只有我一个人，在我看来，绝大多数人都是如此。"

既然这个世界并没有时时刻刻强求我们遵从自身的感受，跟随自己的心灵，倾听自己内心深处的声音，那我们其实可以同这种缺陷和睦相处。我的建议是：不要试着探究自我，不要让个人感受成为自己的指南针。如果要将内心深处比作指南针，那它则是一个由几十根指向四面八方的、摇摆不定的小磁针组成的。你愿意带上这样一个指南针漂洋过海吗？所以在人生的旅程中，你也不应该用它来为自己导航。

你无法通过探究自我来获得美好的生活。心理学家将这种错误的想法称为“内省错觉”，即相信通过纯粹的自我反省便可以找到自己真正渴望发掘的元素，如生活的目标、生命的意义，以及幸福的核心等。很多作家将我们的感情世界比作一片深邃的森林。事实上，如果你跟着自己的感受踏进这片森林，那你必将迷失方向，最终身陷情绪、思维碎片和躁动感的泥沼。

如果你主持过面试，那你一定会熟悉下面的情景：你和求职者聊了半个小时，然后以此为基础做出自己的判断。研究表明，这类求职面试根本没什么用，我们更应该通过求职者的履历来进行分析。言之有理！想想吧：30 分钟漫不经心的谈话和 30 年的成果汇总，究竟哪一个更具说服力呢？自我探究与求职面试没什么差别，其结果都极不可信。具体点说，要想知道自己内心究竟发生了什么，你应当问问朋友或伴侣，因为与你相比，他们能更客观地做出评判。

为什么自我探究如此不可信？有两个原因。

首先，无论对自己的探究多么频繁、多么深入，你都无法将更多的基因复制给下一代。从进化论的角度来看，阅读他人的感觉比阅读自己的感觉更加重要。令我们感到宽慰的是，我们阅读他人的能力也会明显强于阅读自己的能力。所以，要想知道自己内心的感受如何，你应当问一问自己的朋友或伴侣，他们能比你做出更为客观的评判。

其次，谁不渴望成为唯一的权威呢？无论我们如何判断自己内心最深处的感受，都不会有任何人站出来反驳。虽然这让人感到舒服，但由于修正机制的缺失，这种做法并没有什么帮助。

正因为我们的感觉如此不可信，所以我们不应该太把它当回事，尤其是那些消极的感受。古希腊哲学家将这种屏蔽消极感受的能力称为“不动之心”。这个概念可以用平和、安宁、坚定、冷静、洒脱来诠释。谁如果拥有了“不动之心”，那他便不会在命运的打击之下失去方寸。比“不动之心”境界还高一层的是“无欲无求”，即对感觉的完全屏蔽（这也正是古希腊人所尝试的）。“不动之心”和“无欲无求”都是难以达到的理想状态，但不用担心，这些都不是关键，在我看来，我们更应当努力与自己的内心保持一种有距离感、充满怀疑却轻松随和的新型关系。

比如我就不会将自己的感受当成是属于我本人的。这些感受只是从某地来拜访我，随后便离开了。你也可以想象一个画面：我将自己看成是一个开放的、妙趣横生的集市，集市上空会有各种各样的鸟儿飞过。有时候鸟儿仅仅是飞过而已，有时候它们会驻足一会儿，甚至留下粪便。其中一些鸟儿很讨人喜爱，而另一些我却不怎么喜欢，但无论如何，最终所有的鸟儿都会飞走。自从在脑海中构想了这幅画面之后，我便再也不会被自己的感受把持了。我不觉得自己是它们的主人，虽然有的感受就像那些不受欢迎的鸟儿一样，但它们并不会那么招我讨厌。这些感受，我要么忽视，要么远观。这种鸟儿的类比，你还可以继续用下去，如果能将每种感受都看成是某一种鸟儿，那你便能够以戏谑的方式来处理自己的感受了。比如在我的想象中，“嫉妒”是一只绿色的、叽叽喳喳叫个不停的小鸟，“紧张”如同一只正在啄树的啄木鸟，“愤怒”好比急速的猎鹰，而“恐惧”则如同一只展翅飞舞的歌鸲……说到这里，相信你已经明白了。

你自己的生活经验也会告诉你，我们越是有意识地驱赶负面情绪，这种情绪便会越发强大。然而如果我们能以轻松随意的态度来对待这种情绪，尽管我们的内心还是无法获得彻底的宁静（其实没人能到达这个境界），但我们却能在一定程度上保持平和的心态。如果鸟儿的比喻在你眼中并不合适，那你可以将自己的感受当成一群小孩子。在面对他们时，我们用施压的方法很难达到效果，然而如果抱着游戏的心态同他们打交道，我们便几乎总能如愿以偿。

这里必须要说明一点：有些情绪，尤其是自我怜悯、焦虑和嫉妒，其毒性十分强大，强大到单纯用游戏的心态还是无法搞定。此时你需要额外的思维工具来对抗它们，我会在第 24 章、第 29 章、第 32 章介绍这些工具。总而言之，你不应该相信自己的感受。同描述吃巨无霸时的心情相比，你对汉堡中食材的描述肯定会更加精确。请重视他人的感受，而不是自己的感受。请放任自己的感受肆意飞翔，因为它们无论是到来还是离开，都不会遵循你的意愿。

9 真诚性陷阱

为什么你需要一位“外交部长”

你喜欢真诚的人吗？当然！因为和他们在一起时，你会知道自己处在什么位置，他们的想法和感受是什么，他们在忙些什么，在盘算什么。这类纯朴的人不会隐瞒自己内心最深处的秘密，因此，同他们打交道会让我们觉得亲近、舒心、有效率。这么来看，“真诚”如此受人欢迎也就不新鲜了。几乎所有的培训课程都会将“真诚”当作一个训练模块，几乎所有的领导学丛书都会将“真诚领导”写成一章，几乎所有的成功学博客也都会为此出谋划策，告诉我们如何成为一个尽可能“原始”、尽可能真诚的人。“不真诚”的人，就好比假冒的毕加索，针对他们的一切投入，无论是金钱还是时间，都是不值得的。

然而你希望别人多么“真诚”呢？我们来做一个思维实验：假如你约了一位性格超级真诚的女孩丽莎一起吃午餐。在迟到20分钟后，这个女孩顶着一头被猫挠过一样的乱发来到餐厅，嘟囔着说了句抱歉，然后便用整个餐厅的人都能听到的音量，宣称自己现在“根本没心情吃午餐”，而且更是“完全不想在这个很久之前红火过的餐厅吃饭”。邻桌的食客都放下了手中的叉子。一阵沉寂之后，她又开始用大嗓门夸赞你的衣着，但同时也批评了你的手表“完全不像样”，至少配不上现在这身装束。她一边说着，一边迅速拿起了自己点的那杯红酒一饮而尽。“对不起，我真的太渴了！”在这杯开胃酒之后，她便趴在桌子上睡着了，而此时你却忍受着从四面八方投来的目光。亲爱的读者，这大概就是“真诚”吧。

英国哲学家西蒙·布莱克本曾在《你就要很孤独》一书中讲述了伟大的生物学家达尔文的葬礼故事。这场葬礼是在威斯敏斯特大教堂举行的。威廉作为达尔文的长子，同时也是葬礼中最重要的来宾，坐在了教堂的第一排。突然，他感到头上有股小风吹过，然后便脱下了黑色的手套，将它搭在了自己的光头上。整个葬礼过程中，全世界都能看到他头上的那双手套。

虽然威廉·达尔文并不像午餐约会故事中的丽莎那么糟糕，但有一点却显而易见：过度的真诚是不可取的。我们还是会期待一定程度的体面、礼节和自控，即一种属于文明社会的伪装。至少在面对面的接触中，这种伪装还是有必要的。在网络中，我们早就达到了丽莎的“境界”。谁如果不在睡前用自拍视频为别人展示一下自己内心最深处的感受，那他一定会被贴上守旧和虚伪的标签。然而在网络中，即便是最真实的亮相，从本质上来说也只是纯粹的作秀，而这一点所有网民都心知肚明。

我的建议是：不要参与此类“本色出演”。

第一，这样的作秀有悖于一个事实，那就是我们并不是真的清楚自己究竟是谁。正如前面的章节所讲，我们的内心绝非一个值得信任的罗盘，而是由一系列彼此矛盾的冲动组成的混乱集合。既然我们自己都不懂自己，那这些“真诚”的展现又能揭示什么呢？只有在爱情以及亲密的友情之中，“真诚”才会拥有自己的一席之地。在普通的熟人，甚至在公众面前，“真诚”是不存在的。

第二，你会因此而显得可笑。请回想一下那些你非常尊敬的名人，包括国家元首、将军、哲学家、商界领袖、科学家等，他们中有谁会随时随地向公众敞开心扉吗？一个都没有。他们之所以被尊敬，是因为他们言出必行，而不是让所有人都听到自己内心最深处的独白。

第三，我们的身体是由细胞组成的，每一个细胞都会被细胞膜包围。细胞膜的作用就是隔离有害的入侵物质，并对进入细胞的分子进行精确筛选。从机体层面来看，每个生命体也都拥有类似的筛选调节机制，比如动物的皮肤、植物的表皮。一个没有外层隔离系统的机体很快便会死亡。“真诚”的行为就好比是放弃了自己心理层面的那道隔离墙。这么做恰恰是在促使他人借你之手来达到自己的目的。你不仅会让自己显得可笑，还会令自己易受攻击。

艾森豪威尔上将是第二次世界大战之星，并在战后成为美国总统。他曾有意地为自己塑造了一个专门用来应对外界的人格。《纽约时报》的专栏作家大卫·布鲁克斯曾将艾森豪威尔对外的人格称为“第二重人格”。这并不符合目前流行的观念，即每个人都只有一套“真诚”的自我。这套“第二重人格”并非惺惺作态，而是一种专业的、长久的、可信的对外形象。怀疑、失望和沮丧都将被排除在外，这些情绪是给日记本、爱人和枕头预留的。我同样推荐你像艾森豪威尔一样为自己打造一套“第二重人格”。信守自己的承诺，说出自己的想法，依照自己的原则行事，请将自己的“真诚”局限在以上几点，因为其他一切方面都同别人毫不相干。

如果“第二重人格”的思维方式不适合你，那你也可以试试下面这个方法：每个国家都需要外交政策和外交部长。请将自己想象成一个国家，并清晰地列出本国“外交政策”中的基本原则，而“外交部长”的角色，你只能亲自担当（此时的你仿佛身兼数职）。人们并不希望这位“外交部长”是一个会对人掏心掏肺、暴露自己弱点，或是会因自我怀疑而崩溃的人。

相反，人们会期待他能说到做到，信守自己的诺言，以专业的方式亮相，不扯没用的话，不抱怨，并且保持一定的礼仪。作为自己的“外交部长”，请随时检查自己的工作成果，想想自己会不会给自己投连任票。

无论是“第二重人格”还是“外交部长”，你会发现，这样一层障碍，一层皮囊，一层外壳，不仅会屏蔽掉那些对你有毒的影响，还能够稳住你的内心。如同任何一条界限一样，这种外层结构能在很大程度上使你的内心明朗。即便群众、同事以及一些所谓的“朋友”反复要求你表现得“更真诚一些”，你也不应该掉进这个陷阱。狗狗会表现得很真诚，但我们是人类。

10 五秒说不

小恩惠，大陷阱

当别人想请你帮个小忙时，你有多少次毫不犹豫便同意了？你拒绝过多少次？你曾有多少次因为自己轻率地答应而事后生气？你又有多少次后悔自己拒绝了他人帮忙的请求？

多年前，我曾针对这些问题进行过个人统计，并意识到自己在面对诸如讲课、写文章、采访等小小的帮忙请求时，同意得太过频繁了。我投入了过多的时间，而真正给他人带来的帮助却远不如自己预期的那般重要。我想要帮别人，这最终导致我没能为自己做什么事。

这种“取悦他人之疾”从何而来？20 世纪 50 年代，生物学家曾试图探究那些毫无血缘关系的动物为何仍然能彼此合作，比如黑猩猩为何会与其他黑猩猩分享食物，狒狒为什么会花力气为别的狒狒清理皮肤。如果它们有血缘关系，那么问题的答案显而易见：它们有大量相同的基因，合作有助于维持它们共同的基因库，即便它们会为此付出一些代价，即便某些个体在合作过程中需要牺牲自己的利益，甚至因此而丧命。

然而，为何毫无血缘关系的动物也甘心承受这一风险呢？换个问法：没有血缘关系的动物为何有时会展现出利他行为？

黑猩猩为何不把食物留给自己吃，而是选择与陌生的同类分享呢？

狒狒为何不懒洋洋地躺着，而是花费宝贵的体力，来给没有血缘关系的同类捉上几个小时的虫子呢？

这些问题并非毫无意义。

问题的答案在数学之中，更具体地说，是在博弈论之中。美国人罗伯特·阿克塞尔罗德曾经举办过一场程序博弈竞赛，让不同的计算机程序之间彼此竞争。每一个程序与自己的竞争对手交互时，都会采用一种具体策略——与对方合作，欺骗对方，表现出利己行为或不断让步。从长远来看，一种被称为“一报还一报”的策略表现得最为成功，即你怎么对我，我就怎么对你。

这是一种简单的策略，操作方式如下：首先合作，然后在剩余时间内模仿你的竞争对手。举个具体的例子：假如在我迈出第一步之后，对方选择合作，那我也会继续合作。然而，如果在我迈出第一步之后，对方拒绝合作，或者对方利用了我，那我也将停止合作。假如对方在接下来的过程中重新开始合作，我则会重新开始与对方合作。

这正是我们在动物王国中观察到的行为方式，人们称之为“互惠主义”。黑猩猩与同类分享自己的食物，因为它认为，下次如果对方有食物可以分享时，也会投桃报李。它知道，哪怕在一次觅食之后空手而归，自己仍然会有食物可吃。

互惠主义仅会发生在有长期记忆的动物身上。只有当黑猩猩能够记起对方是否曾经将食物分享给自己时，它才能够运用这种卓有成效的策略。

其实，只有少数几种高度进化的动物才拥有回忆能力，主要是猿类。当然，黑猩猩并没有进行“战略思考”。相反，进化令这种策略成为它们的先天行为，因为未采用“一报还一报”策略的猿类，如今已经从基因库中消失了。由于人类也属于高度进化的物种，所以这种互惠主义的冲动在我们身上同样存在。

“一报还一报”策略令全球经济持续发展。我们每天会与很多不沾亲的人，甚至是来自地球另一端的人合作，这种合作为我们的富裕生活做出了巨大贡献。

但请注意，互惠主义也隐藏着风险。假如有人帮了你，你会觉得自己有义务回报他，比如帮他一个忙，这会让你变得易被他人操纵。

此外，你还面临一个更大的风险："一报还一报"策略每次都是以预先支出的劳动和信任开始的，即本能的、率先说出的"可以"，而令我们事后生气的，恰恰是这个"可以"。一旦我们本能地答应了他人的帮忙请求，往往会为自己的决定找理由。我们会去思考，对方提出的请求有哪些合适的理由，却不会去想自己需要付出多少时间才能满足对方的需求。我们认为这些理由比时间重要，然而这却是一个思维错误，因为理由是无限多的，而时间却是有限的。

下意识地说出"可以"是一种深层的条件反射。自从明白了这个道理之后，我便开始采用芒格的"五秒说不"策略来对抗这种条件反射，"想找到世间美好的事物并非易事，然而如果你能在 90% 的时候说'不'，那么你便不会错过很多美好"。假如别人找我帮忙，那么我只会允许自己用五秒钟时间来考虑这个请求，随后便会做决定，而大多数时候我的回答是"不"。我宁愿冒着失去其他人"欢心"的风险来拒绝大多数请求，而不是反其道而行之。你为什么不试试呢？只有极少的人会因此马上将你归入"麻木不仁"的群体。事实上，大多数人会在心中羡慕你的坚定。

2000 多年前，罗马哲学家塞内卡曾写道："让你远离自我的，正是那些召唤你前去的人。"对此，他显然是有先见之明，因为巴菲特后来也说过：“优秀的人和卓越的人之间的差别，恰恰在于后者几乎总会说‘不’。”

因此，请学会运用“五秒说不”策略。对于美好生活而言，这是非常好的经验法则之一。

11 专注点幻觉
为什么住在加勒比海不会让你感到更快乐

想象一下，你现在住在德国。冬天到了，大街上都是污浊的积雪，而你此时正用手刮着汽车挡风玻璃上的冰霜。寒风将刮掉的冰碴吹到了你的脸颊上，鞋上满是泥水，指尖冻得像扎满了针一样疼。你用尽全力猛地一拉，才终于拽开了冻住的车门。座椅也冻得如冰砖一般，你坐在上面，握住了寒气逼人的方向盘，嘴里冒出哈气。请问，假如你此时正住在阳光明媚，气温 26 摄氏度、海风柔和的迈阿密海岸，那你的幸福指数会提升多少呢？请在 0 至 10 之间选择，0 代表完全没觉得更开心，10 则代表开心至极。

我问过的绝大多数人，选择的答案都在 4 至 6 之间。

这会儿你已经将车开了出来，正穿梭在上班的路上。因为高速路堵车，你上班迟到了半个小时，随后扑面而来的便是一大批邮件，以及对上司一如既往的郁闷。你在下班之后买好了一周要用的东西，然后回到家中，为自己做了最喜欢吃的菜（味道相当不错）。晚餐过后，你舒适地瘫在沙发上，看了一部有趣的电影，随后上床睡觉。

假如在佛罗里达也是一样的流程：上路，高速路堵车，邮件，对上司的郁闷，一周的例行采购，好吃的饭，好看的电影。现在请回答同样的问题：假如你此时正住在迈阿密海岸，那你的幸福指数会提升多少呢？绝大多数人的回答都在 0 至 2 之间。

我曾在迈阿密海岸住过 10 年，在这前后我都居住在瑞士，瑞士也有泥泞的积雪，我偶尔也要面对被冻住的汽车玻璃。在迈阿密的时候我的幸福感提升了多少？答案是：0。

这便是“专注点幻觉”。“在你思考一件事的时候，没有什么会比你的思考方式更重要。”诺贝尔奖得主丹尼尔·卡尼曼曾这样描述道。我们越是专注于生活的某个特定方面，这个方面对于整个生活的影响在我们眼中就会越发重要。刚开始，我们在读题的时候只会关注天气，所以在衡量德国生活和迈阿密生活的幸福指数时，天气因素便会显得至关重要。

在这之后，我们在脑海中勾勒出了一日的全景：从早晨开车上班到晚上歪在沙发上的美好时光。天气只是这一天中的一个因素而已。如果我们把目光放到更长久的时间范围内：一周、一个月、一年，甚至是一生，那么天气突然就会变成一个可以被忽视的因素了。

对“专注点幻觉”的控制，绝对是美好生活工具箱中的思维工具之一，它会帮助你避免做出很多愚蠢的决策。如果你要比较一样东西（比如汽车、职业生涯或者旅行目的地），那你将会倾向于针对某个因素进行细致的比较，而将其他数百个因素都抛到脑后。正是因为“专注点幻觉”，你会将某个因素看得过重，你会认为这个因素十分关键，然而实际却并非如此。

我们应当如何消除这种幻觉呢？你可以将其他几百个因素也纳入对比，当然这会很麻烦。还有个更实际的办法——将要对比的两个东西看成两个整体，并在对比的过程中让它们间隔远一些，从而避免让某个因素的权重过大。当然，这知之非难，行之不易。举个例子：小孩子脑子里只会想着眼前的东西，比如我三岁的儿子。如果我拿走他的一件玩具，那他一定会大喊大叫，仿佛天塌了一样。尽管他还有十几件玩具可玩，而且我拿走的那一件他之前并没有理睬，而只是放到了一边。随着时光流逝，我们逐渐习惯了让眼前的情景左右自己的情绪。假如我在一个炎热的夏夜突然想喝杯啤酒，但打开冰箱后却发现没有啤酒，那我绝不会大喊大叫，而是会将自己的注意力从啤酒转移到别的地方。这时，令人失望的空冰箱对我幸福感的影响就很有限了，那杯没喝到的啤酒也不会毁掉整个夜晚。

可惜的是，我们在这方面总是难以进步。用超广角的视野来观察眼前的情况，对我们而言实在太难，否则我们也就不会因为一些微不足道的小事而激动了。

假如我从事别的工作，生活在其他地段，住在另一幢房子中，换了新的发型，那我的生活会开心几分？这个问题你曾经问过自己多少次？当然，你的生活肯定会有一点变化，但你知道的，这类调整带来的改变一定比你想象的要小很多。请站在尽可能远的距离之外观察生活，此时你就会发现，那些目前在你眼中至关重要的元素已经萎缩成了若干个小圆点，而对生活这幅画作而言，这些小圆点几乎构不成什么影响。要想让美好的生活成为现实，我们必须时不时地通过远景视角来观察生活。

我还能回想起上次去巴黎玩，在特罗卡德罗花园旁的香格里拉酒店办理入住的时候，身边的那位先生是如何责骂酒店前台的。仅仅因为前台人员没有给他提供能看到埃菲尔铁塔的房间，他便大发雷霆。他的原话是："你们把我整个巴黎之行都给毁了！"我对此只能默默摇头。能不能在房间的床上看到埃菲尔铁塔，这真的不重要，在这张床上的睡眠质量绝对比这重要得多。对于成功的巴黎之行而言，房间中埃菲尔铁塔的视野真的微不足道，只要走出酒店，他就能将这座铁塔看个够。但这位满脸通红的美国人显然已经被愤怒冲昏了头脑，他的“专注点幻觉”让一件芝麻粒一样的事显得比天还大。

在涉及金钱时，我们尤其容易受到“专注点幻觉”的影响。假如你是亿万富翁，那你的生活会比现在幸福多少呢？沃伦·巴菲特是世界上十分富有的人，他曾将自己的生活同平民百姓的生活做过对比，结果发现自己的生活和他们的生活并没有太多不同。巴菲特也会像你我一样，在一张普通的床垫上度过人生 1/3 的时光；巴菲特也是从货架上挑选衣物，他买的衣服并不比我们的贵；他最喜欢的饮料是可口可乐；他吃的并不比一个大学生更美味、更健康；他也是坐在一把普通的椅子上工作，面前是一张普通的桌子；他的工作室从 1962 年起就在同一个地方，即位于内布拉斯加州奥马哈城内一幢单调的写字楼中。如果你将巴菲特生活中的分分秒秒同自己的生活对比，那他财富的效力就可以忽略不计了。

唯一一点微小的区别是：巴菲特有一架私人飞机，而我们却要挤经济舱。但本章已经告诉我们，狭隘的思维绝对比狭窄的飞机座椅糟糕得多，因为我们最多只会在飞机中度过千分之一的生命时光。谁一旦专注于那些微不足道的事，那他便将自己的美好生活给挥霍了。

12 “蒸发”的宝贝

我们为什么要少购物，多体验

汽车能够为你带来多大的快乐？请在 0 至 10 之间打分。假如你没有汽车，那就想想自己的房子、公寓、笔记本电脑或者其他东西。心理学家诺伯特·施瓦茨、丹尼尔·卡尼曼和徐菁曾向车主提出过这个问题，并将他们的答案与汽车的价值进行了对比。结果如何呢？汽车越豪华，它给车主带来的欢乐就越多。与福特护卫者相比，宝马 7 系汽车给车主带来的欢乐值要高出 50%。谁如果为自己的汽车投入了一笔钱，那么他的投资便会通过传播快乐的方式，让他获得一份可观的回报。看到这里，这笔交易好像还不错。

现在将问题稍微调整一下："你在上一次开车的时候有多么开心？"上文提到的心理学家也问了这个问题，然后又将车主的答案与车的价值进行了对比。结果表明，二者并不相关。无论他们的车多么豪华或是多么破旧，车主的幸福指数都处于最低点。

第一项调查揭示了汽车价值和它给车主带来的愉悦感之间的关联性——车越豪华，欢乐越多。然而第二项调查却没有体现出这种关联——豪车并未让驾驶员感到更开心。为什么呢？答案很简单：第一个问题让你想到了汽车，而在回答第二个问题时，你想到的事情则完全不同，比如开车打手机的窘态、上班时的场景、堵车、前方愚蠢的司机等。简而言之，只有当你想到车本身而非开车时，你的汽车才会让你开心，这便是我们在前面章节讨论过的"专注点幻觉"效应。

当然，"专注点幻觉"并非仅仅适用于汽车，你买过的任何商品为你带来的快乐都会被"专注点幻觉"影响。当想到某个东西时，我们往往会倾向于无限度地高估它给我们的生活带来的影响。无论是度假寓所、大尺寸等离子电视，还是一双CL（克里斯提·鲁布托）牌新鞋，在专心想它们的时候我们会感到高兴，然而在日常使用的过程中，我们却会逐渐将这些东西抛在脑后，商品的"快乐效应"也会因此下降。此外，我们还要考虑到第5章中的"反生产力"，即那些隐含的副作用和成本，那些为了维护保养好东西而付出的时间和金钱。这两种效应结合起来，往往会导致你在购买的时候不得不面临一种情况，即购置行为反而为自己的“幸福账户”带来了净亏损。

这令你觉得难以置信？举个例子：你在郊外购买了一幢华丽至极的别墅。入住之后的前三个月，你享受着别墅15间房屋中的每一间，并为别墅的每个细节感到高兴。然而，仅仅6个月之后，你便几乎再也感受不到房屋的华丽。日常烦琐的生活掩盖了别墅的光芒，你开始为其他更急迫的事情而奔波。与此同时，你的生活出现了一些变化——配备有15个房间和一座花园的别墅，和你以前在市中心租住的四居室还是有些差别的。你需要一名清洁工和一名园丁，你再也不能步行去购物，现在的你上下班总共要开两个小时的车，而以前只需骑车20分钟。简而言之，这幢华丽的别墅已经给你的幸福感带来了实打实的损失。你的“幸福账户”出现了亏空。

这个例子是我编造的，然而我也的确见识过一些真实的案例。我的一位朋友拥有一艘游艇，确切地说，是曾经拥有，因为他现在已经把游艇卖了。尽管如此，这艘游艇还是让他变得更明智了一些。他的评价言简意赅：游艇主人生活中最高兴的两天，一个是购买游艇的那一天，另一个是出售游艇的那一天。

如你所见，在追求美好生活的道路上，克制自己的购买欲望一定会对你有帮助。即便如此，还有一类“商品”，其乐趣不会由于“专注点幻觉”而减少，它就是“经历”。当你经历令人快乐的事情时，你所有的思维、全部的内心都会浸在其中。所以，请提升自己对经历的投资，而不是对具体物品的投资。好消息是，大多数经历所需的花费都很低，且不太容易被“反生产力”影响。比如阅读一本好书，与家人一同郊游，与朋友一起玩扑克牌……这些经历都是免费的。当然，也有些经历需要你掏出一大笔钱，比如环球旅行或私人太空之旅等。但假如你有这笔钱，那么把钱花在这些经历上，绝对会比搜集保时捷豪车要强得多。

还有个关键点要额外提一下：你的工作也是一种经历。在驾驶自己的保时捷时，这辆车本身会被你抛在脑后，但工作与保时捷豪车不同，在你完成工作时，工作并不会像保时捷那样消失在你的脑海之中，而是占据了你的思维，并不断要求你积极参与。如果你热爱自己的工作，那自然再好不过，然而如果你厌恶自己的工作，那么你将面对一个非常棘手的难题。你不能指望其他事情会将你的注意力转移到这份糟糕的工作之外。

正是这些思考令我成为一名作家。我喜欢写作，对我来说，写作本身比出版图书更加重要。当然，每次捧起一本新书时，我的内心也会十分高兴。我会轻轻地抚摸封面，翻阅着书页，轻嗅着新鲜胶水散发出的奇妙书香。然而不久之后，这本书便会被我束之高阁，我几乎不会再想到它，因为此时的我已经在琢磨着如何创作下一本书了。

在一份挣钱多却无趣的工作中埋头苦干，是最愚蠢不过的事，尤其是当你把挣来的钱投入到商品中而非经历中时。沃伦·巴菲特说：“和让你肝疼的同事一起工作，就好比嫁给了金钱。无论何时，这都是一个糟糕的主意，尤其对于一个已经富起来的人而言，这种做法更是彻头彻尾的白痴行为。”

谈到婚姻，归根结底，这也是一种经历。出于纯粹的忠诚或因为缺少其他选择而坚持一段令自己不开心的婚姻，这么做是毫无意义的，“专注点幻觉”不会赶过来帮你。当然，并不是每段感情都只有阳光明媚的日子，但即便如此，阴天也绝不能胜过晴天。在黑云压城的时候，请尝试做出调整（见第2章）。如果你无论如何都无法扭转局势，那么就拉开降落伞逃离吧。一段感情，尤其是同伴侣之间的感情，是绝不可能被忘在脑后的。

总而言之，我们高估了商品给幸福带来的影响，却低估了经历的影响。即便此时你就住在自己的房子里，你对房屋的感受也会淹没在众多日常琐事的杂音之中，但经历却完全不同。如果你已经买了一双CL牌的新鞋，那你现在要怎么做呢？请至少确保自己能够有意识地感受鞋子带来的欢乐。你最好每天早晨都将鞋子重新刷洗并抛光，然后在每晚入睡前都专心想一想那对火红色的鞋跟，而不琢磨别的。只有这样，“专注点幻觉”才会激发你的幸福感。

13 滚蛋吧，金钱

为自由做存储

太阳在你的背上燃烧，沙子上方的空气像玻璃一样闪闪发光，你的上腭干得像砂纸。两天前，你喝完了最后一滴水，在那之后，你只能手脚并用，朝着在地平线上看到的绿洲缓缓爬行。现在你会为一升水付多少钱？

假设你已经付了钱并且得到了水。在摆脱了最糟糕的口渴之后，你会为第二升水付多少钱呢？第三升呢？

除非你碰巧是那种天生具有超人忍耐力的苦行者，否则你定会用自己的全部积蓄外加退休金和度假小屋来换取第一升水。你也许会用自己的劳力士手表来换第二升，而第三升水和第四升水，你可能只愿意用自己的耳机和鞋垫来换了。经济学家将这种现象称为“边际效用递减”。每增加一升水，产生的边际效用就会比上一升少，在某个节点之后，它就不会再产生任何效用了。边际效用递减对几乎所有的商品都是适用的，包括水、衣服、电视频道等，但该规则最重要的适用对象是金钱，这就引出了一个存在了数千年的问题：金钱会带来幸福吗？我们先来看一道测试题吧：你的年收入要达到多少，才会觉得继续上升的收入不会对你实际的幸福感产生任何影响？在继续阅读之前，请把数字写在空白处。

研究表明：如果你生活在贫穷之中，那么金钱将扮演重要的角色，因为贫穷是一种彻头彻尾的痛苦。如果你的年收入达到 5 万欧元，那么金钱扮演的角色就会理性化。如果你的家庭年收入超过 10 万欧元（在苏黎世还得稍微高一点，在耶拿则可以低一点），那么额外收入的影响就会降至零。即使收入提升到 100 万欧元，额外收入的效果依旧会是零。这并不令人意外。想象一下亿万富翁从日出到日落，每时每刻的生活吧。即使是富人也要刷牙，也有睡不好觉，感觉糟糕的时候，他们也会和家人争吵，也会害怕衰老和死亡。除此之外，他们还有一大批员工要管理，还有媒体要应付，还有大量的求助信要处理。花园中那个奥运规模的游泳池，真的能抵消这一切吗？

在 1978 年的一项著名研究中，调查人员分析了彩票中奖者的生活满意度。结果，在赢得百万大奖仅仅几个月后，他们的幸福度和获奖前相比已经没有明显区别了。

经济学家理查德·伊斯特林对1946年美国人的生活满意度与1970年的满意度进行了对比。尽管在这期间，美国人的生活水平几乎提高了一倍（1970年，几乎每个人都已拥有自己的汽车、冰箱、洗衣机和家用热水器），但美国人的生活满意度却几乎没有波动。伊斯特林在对比其他18个国家的数据时，也发现了类似的结果。换句话说，1970年的人并不比战后的人幸福。物质的进步并没有在生活满意度上体现出来，这种启示被称为“伊斯特林悖论”：一旦基本需求得到满足，继续增加的福利并不会带来额外的幸福。

然而，人们为什么会站在所有科研结果的对立面，一刻不停地渴望成为百万富翁呢？之所以如此，最主要的原因是财富并不是绝对的，而是相对的。

假设你和你的同事一起为老板拿到了若干大单，而在此过程中，绝大多数客户是你争取来的，那你更倾向于哪一种奖金分配方案？（1）你得到1万美元的奖金，而你的同事一无所获。（2）你得到1.5万美元奖金，而你的同事将得到2万美元？如果你和大多数人的想法一样，那你定会选择拿1万美元，尽管第二个方案会让你更富有。

假设你买了一块好地并建了一所房子。房子看着很体面，而且卧室至少比你需要的还多三个。一年后，有人也在附近买了块儿地，盖起了一幢豪华别墅，这幢别墅让你的房子看起来就像是仆人的住处。结果，你的血压会上升，生活满意度会下降，即便你现在依旧住得很好。

无论是与别人比较还是同自己的过去相比，金钱都是相对的。如果你在职业生涯的前半段每年赚 5 万美元，而现在一年能赚 10 万美元，那你会比刚开始挣 10 万美元，现在挣 6 万美元感到更幸福。但计算一下数据你就会发现，自己在第二种情况下总收入会更高。

简而言之，针对位于贫困线之上的那部分收入，你的看法才是最重要的。这对你而言是个好消息，因为这意味着，金钱能否让你快乐将完全取决于你自己。

处理金钱有几个经验法则。

其一，“去你的钱”。这个概念是一些富有语言冒险精神的人创造的，该短语中包含了你在冲出老板的办公室前，朝他喷的最后一句话，当然你们也可能在最后用这句话互喷。具体来说，“去你的钱”指的是那笔可以让你随时辞职而不会陷入财务困境的储蓄，比如一年的工资。这笔钱意味着自由，它使你能够客观地看待问题，思考问题，这一点比物质方面的独立更加重要。所以如果你还没存够这笔钱，那么请将自己的固定支出保持在低水平。你的支出越低，你就能越快达到目标。无论如何，有钱而不需要花钱，这种感觉才是最美妙的。

其二，请不要对自己收入或资产的微小波动做出反应。你的股票总值在今天是上升还是下降了 1%，都不应该触及你的情绪。总之，不要在钱上面花费太多的心思。不是你想钱想得越勤，你的资产就会增长得越快。

其三，不要拿自己和富人做比较，这会让你不开心。如果一定要比，那就和那些收入比你低的人比，但最好不要拿自己和任何人比较。

其四，财富会遭人嫉妒。即便你特别有钱，也要过有节制的生活。我们可以拿巴菲特举例，时至今天，这位富豪依旧住在自己于1950年买的那套朴素的房子中。任何有足够现金的人都可以购置豪华游艇，这并不算什么本事，但如果你是一位亿万富翁，那么不买游艇，且过着节制的生活，反而更会令人印象深刻。

从本质上讲，一旦你摆脱了贫困线，并拥有了一定的资金保障，那么决定你能否拥有美好生活的便不再是金钱，而是其他一些因素。因此，我们更应该专注于这类因素，而不是囤积金钱。正如本书最后一章将讲的一样，真正的成功，绝非经济上的成功。

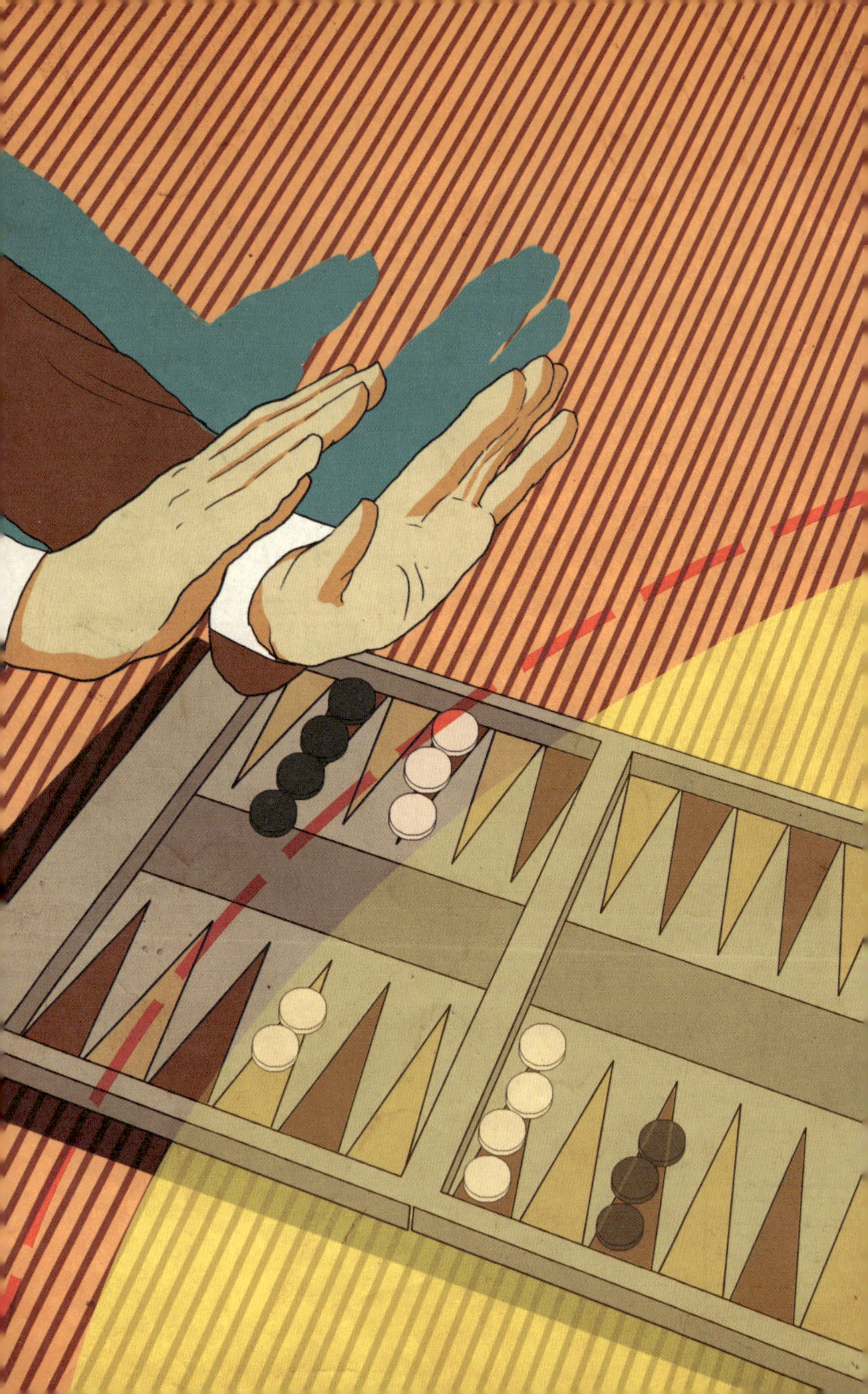

14 能力圈

为什么一定要看到能力圈的边界

没人能完全了解这个世界。对于某个个体的大脑来说，世界太复杂了。即使你是受过高等教育的人，也只能理解世界的一个小小的方面，但这一小方面却举足轻重，因为它正是你飞向高空、追求人生理想的起点。如果缺少了这个起点，你便永远无法离开地面。

沃伦·巴菲特使用了一个绝妙的术语——“能力圈”：圈内是你精通的技能，而圈外的东西，你却只是一知半解，甚至完全不懂。巴菲特的人生座右铭是：“了解你的能力圈并坚守在圈中。圈的大小并没有那么重要，知道自己能力圈的边界才是至关重要的。”巴菲特的商业伙伴查理·芒格补充道：“每个人都必须清楚自己的才华所在。有件事我几乎可以保证，如果你试图在自己能力圈外的事情上取得成功，那你的职业生涯将会非常糟糕。”IBM（国际商业机器公司）的创始人汤姆·沃森便是一个活生生的例子，他曾说过：“我不是天才，但我有自己聪明的地方，并且会坚定不移地守在这些地方。”

请严格按照这个理念来安排自己的职业生涯。对于能力圈的绝对专注，不仅能为你带来物质财富，还能赋予你同样重要的精神财富，即一种由卓越技能激发的、金钱买不到的内心感受。除此之外，你还能省下很多时间，因为你不必每次都重新决定要不要接受一项任务。对能力圈的清晰划分，会令那些本不适合你却显得难以抗拒的请求突然变得可以被抗拒。

你绝不应该跨越自己的能力范围，这一点很重要。许多年前，一位富有的企业家出了 100 万欧元来请我为他写传记。这是一个极具诱惑力的报价，但我拒绝了，因为写传记不在我的能力圈之内。为了写出一流的传记，作者需要与主人公进行无数次的对话，并展开细致的研究。传记需要的技能同小说和专业书籍不同，而这些技能我并不具备。我会为此花费精力，并感到沮丧。更重要的是，即便这么做了，我最后也只能写出一本平庸的书，这对我而言已经是最好的结果了。

迪伦·埃文斯所著的《风险思维》一书却绝非平庸，作者在书中描述了一位名叫 JC 的职业西洋双陆棋选手。“JC 会故意犯一些错误，并观察他的对手如何利用这些错误。如果对方展现出了较高的棋力，JC 就会终止棋局。那样的话，他就不会不停地输钱。换句话说，JC 知道很多别的棋手不知道的事情。他知道什么时候不该赌棋。”他知道哪些对手会将自己逼到能力圈之外，于是他学会了避开这些对手。

除了想要跳出能力圈的冲动之外，我们还有另一个强大的意愿：拓展自己的能力圈。如果你在目前的圈子里很成功，如果你在圈子里感到如鱼得水，那么拓展能力圈的诱惑就会变得更大。请不要这样做！技能不会从一个领域转移到另一个领域。换句话说，技能是属于某个特定领域的。象棋大师在商界中不一定能成为策略大师，而优秀的心脏医生也未必是优秀的医院管理者。同样的道理，优秀的房地产经销商并不一定能做好总统的工作。

如何创建自己的能力圈？仅靠查查维基百科是搞不定的，依靠传统的大学学业也同样不够。创建能力圈需要时间，而且是很多时间。“一切有价值的东西都需要很长的时间，请对此做好心理准备。”这是美国优秀设计师黛比·米尔曼坚持的原则。

能力圈还需要一个元素，它就是“痴迷”。我们会在书中读到沉迷于电子游戏、电视剧或飞机模型的年轻人。痴迷是一种瘾，所以人们在谈到“痴迷”时会展现出轻视的姿态。是时候来更积极地看待“痴迷”了！驱使人们花费成千上万个小时去做某件事的，正是这种“痴迷”。在年轻的时候，比尔·盖茨痴迷于编程，史蒂夫·乔布斯沉迷于书法和设计，而沃伦·巴菲特更是在12岁时便将自己的第一笔零花钱投进了股市，并在此后一直痴迷于投资。今天没有人会说盖茨、乔布斯或巴菲特挥霍了他们的青春，恰恰相反，正因为他们痴迷于某种东西，才会为此花费了成千上万个小时，而这个时间正是他们成为大师所必需的。“痴迷”是引擎，而绝非引擎故障。

顺便提一句：“痴迷”的反义词并不是“厌恶”，而是“兴趣”，“兴趣”是一种含蓄的表达，潜台词是“我并非真的痴迷于此”。

为什么“能力圈”这么强大？它的秘密是什么？道理很简单：一位卓越的程序员不只比一位不错的程序员强上两倍、三倍甚至十倍。在解决同样的问题时，前者需要花的时间仅仅是后者的千分之一。律师、外科医生、设计师、研究员和销售员的世界也是如此。圈内与圈外，二者之间存在着千百倍的差别。

还有一点：生活会跟随计划——这个想法其实是一种错觉。意外随时随地都可能发生，有时其破坏力堪比飓风。只有一个地方会始终吹着温和的微风，那个地方就是你的能力圈。虽然那里的海面也不完全风平浪静，但激起的海浪至少还能允许你正确地导航。简单来说，在你的能力范围内，你在一定程度上会免受幻觉和思维错误的影响，你甚至可以冒险打破常规，因为你已经具备了足够的智慧来大致预测将会发生什么。

所以，不要因为自己的不足而自责。如果你的双脚存在缺陷，请忘掉萨尔萨舞课；如果你的孩子不知道自己画的是马还是牛，那就不要再梦想让他成为艺术家了；如果姑妈的来访已经令你难以招架，那就放弃自己开餐馆的念头。事实上，你在多少个领域中处于平均水平，甚至低于平均水平，这完全不重要，重要的是你至少要在一个领域中远远高于平均水平——最好能成为世界第一。只要能做到这一点，你便为美好生活打下了坚实的基础。一项杰出的技能将会抵消无数个弱点。在能力圈内投入 1 个小时，会比在圈外投入 1000 个小时更加值得。

15 坚持的秘密

为什么无趣的人会比冒险家更成功

一群敞着衣领，撸起袖子的股票经纪人，正手舞足蹈地对着好几部电话吼叫，让人觉得谈话的内容似乎事关生死。空气噼啪作响。时不时就会有人将听筒砰地摔在桌子上，仿佛想把电话摔碎一样。然后他们又开始用彭博终端机对彼此大喊大叫，在该终端上，股票价格像狂欢节彩灯一样不停闪烁。媒体就是这样为我们描述金融世界的，比如股票交易大厅或银行的交易区。

场景切换到美国最不起眼的一个州——内布拉斯加州：在沉睡的奥马哈市，在某个安静的大厦14层的一间昏暗的办公室里，没有彭博终端机，没有电脑，也没有电子邮件，办公室里有一张款式陈旧的桌子，桌上有一部电话，有个人在这个办公室里坐了将近 50 载，日复一日。这个人就是沃伦·巴菲特，有史以来最成功的投资家。

再没有比这更鲜明的对比了。一边是极度活跃的、大汗淋漓的、雄激素迸发的股票经纪人，另一边则是心平气和的、满头银发的巴菲特。一旦认清了投机者和投资者之间的区别，你就会发现类似的情况在生活中随处可见，同时你还将获得一件绝佳的思维工具。

以上二者的区别究竟是什么呢？股票经纪人试图通过疯狂地买卖来获利。至于隐藏在股票背后的是加利福尼亚州的一家软件公司，还是秘鲁的一家铜矿，这些对他们而言并不重要。重要的是，股票价格目前正朝着正确的方向前进。

然而，传统的投资者只会购买少数公司的股票，他们对于这些公司的情况了如指掌。市场的意见对这些投资者而言并不重要。他们的投资是长期的，为了减少交易费用，他们会尽可能降低买卖股票的频率。巴菲特和芒格甚至都不会去主动寻找新的投资机会，他们会等着别人将机会送上门来。“查理和我就是干坐着，直到电话响起。”这是巴菲特的原话。

谁更成功？是投机者还是投资者？当然，两个群体中都有赢家和输家，但人们发现，赢家中的那些“巨头”永远都是投资者。造成这个结果的正是二者间的一个关键差别：投资者会懂得利用较长的时间跨度，而投机者并不会。

我们的大脑喜欢短期的、跳跃式的发展。我们会对高低价、快速的变化以及突发的消息做出夸张的反应，但是，我们却很容易忽视那些持续的变化。因此，与观望、思考和等待相比，我们往往会将行动、忙碌和激进看得过于重要。

哪本书是有史以来销量最大的书？不是那些上了畅销书排行榜的书，也不是书店展台上堆得最高的书，而是那些几十年来，甚至数百年来一直都在印刷的书，比如《圣经》《古兰经》《共产党宣言》《指环王》《小王子》，人们将这些书称为“长期畅销书”，没有哪家出版社能抛开这些书运营下去。这同样适用于百老汇歌舞剧、旅游景点、歌曲和其他许多产品。有史以来最成功的车是哪一款？非丰田花冠（卡罗拉）莫属。这款车自从 1966 年以来一直推陈出新，现在第 11 代已经上市。将丰田花冠送上超级畅销车宝座的，并不是这款车第一年的销售额，而是其销售的时间跨度。

这种长期的成功经常会包含不显眼的成分，这种成分的功能类似于发酵粉，让一系列微小的进展在一段很长的时间中累积起来。以投资为例，如果你投资 10 000 美元，回报率为 5%，一年后你就会收获额外的 500 美元。这是一件轻而易举的事。但如果你坚持不断为这些微薄的利润而投资，那么 10 年后，你将拥有 16 000 美元，20 年后就是 26 000 美元，而在 50 年后，你将获得令人难以置信的 115 000 美元。这笔资金并非匀速增长，而是呈现出了指数级增长，但由于我们的大脑对一段持续的时间缺乏感知，所以意识不到这种指数级增长。

“持之以恒”背后的秘密就在于此：长期的成功就像是用发酵粉做蛋糕，这个过程很缓慢，很无聊，很冗长，但它却带来了最好的结果。这一点同样适用于我们的生活。

在此前任何一个世纪中，我们都没有像今天一样将浮躁、奔波以及盲目的热情吹捧到如此高度。当代的“破坏教派”要求我们不断地毁灭并重建自己的事业、企业，乃至生命。只有这样，我们才能保持竞争力。在这一点上，人们仿佛已经达成了共识。同样，很多人坚信，美好的生活一定是由不间断的冒险、旅行、迁徙以及精彩时刻交织而成的。我的看法却恰恰相反：平静的人生才会更高效。伯特兰·罗素的时代虽然比现在平静得多，但他也得出了类似的观点：“伟人的生活除了少数精彩时刻外，并没有什么令人激动的地方。虽然苏格拉底也会偶尔在宴席中找些乐子，但他生命中的绝大部分时光却是同妻子赞西佩一起平静度过的。他会在下午散步消食儿，在这条路上，他有时会与两三好友相逢。据说，康德一生都生活在哥尼斯堡方圆 16 公里以内。达尔文在周游世界之后，便在自己的房子里平静地度过了余生。简而言之，平静的生活是大人物的标志，他们生活中的点滴快乐，在外界看来并不是那么令人激动，这个现象非常普遍。”当然，历史上伟大的女性人物也是如此。在喧闹和创意之间、奔波和明智之间，以及躁动和成果之间，并不存在什么正向的关联。

所以，这对于美好生活而言意味着什么呢？少一些奔波，多一些耐性。一旦发现了自己的能力圈（见第 14 章），请尽可能长久地留在能力圈中。同样的道理，如果你找到了一个良好的配偶，一处合适的住所，或一个能令你满足的爱好，那么请坚持下去。坚定不移，保持耐性，长线思考，这些都是十分宝贵的品质，但它们却总被低估。我们应当重视这些方面，正如查理·芒格所说："你不需要聪明绝顶，只需要比别人稍微聪明一点点，然后将这种优势维持很久很久。"

16 使命的压迫

做自己能做的，而不是自己想做的

圣安东尼出生于公元 251 年，他的父亲是埃及的一位富有的地主。他 18 岁时失去了双亲，在教堂里，圣安东尼听到了《马太福音》中的一段话："你若愿意做完全人，可以去变卖你所有的，分给穷人，就必有财宝在天上，你还要来跟从我。"于是圣安东尼捐出了所有的财产，从此作为隐居者在沙漠边缘徘徊多年。随着时间慢慢流逝，其他人也纷纷开始效仿他，听从上帝召唤的隐士越来越多。这群独居的隐士构成了一个松散的团体，这便是基督教隐修主义的起源。如今，人们将圣安东尼称为"隐修主义之父"。

900 多年以后，类似的事情又发生在圣方济各身上。作为一位意大利布料大亨的儿子，圣方济各曾一度过着挥金如土的生活，直到有一次在梦中听到了上帝的召唤。在这之后，他将手中的一切都赠予他人，然后同一个乞丐换了衣服，选择了隐居生活，并开始修复教堂。渐渐地，越来越多的人开始效仿他的做法，圣方济各会随之成立。

今天，在听到“使命”一词时，我们会想到圣安东尼或圣方济各这样的人。他们会情不自禁地听从上帝的召唤。类似的使命，我们在圣保禄、圣奥古斯丁、布莱士·帕斯卡等皈依《圣经》或其他信仰的人身上也能发现。

与此同时，使命也被赋予了当代的含义。当今的年轻人问我最多的问题之一便是：“我该如何发现自己的使命？”每次听到这个问题，我都会保持缄默，因为使命是基督教的遗迹。对于那些不信仰上帝的人来说，“使命”二字听起来会有些荒唐。

当然，寻找自己使命的当代人并不会再想着脱离世俗了。相反，他们希望自己与世界的联系更加紧密，并怀揣着一个浪漫的想法：在每个人的内心深处都有一颗萌芽，它会在某一天绽放出生命之花。所以，他们会惴惴不安地倾听自己内心的声音，期待能听到那个一生中需要完成的使命。但这太危险了，因为使命是我们这个时代最大的幻觉之一。

美国人约翰·肯尼迪·图尔认为自己天生就是个作家。在向西蒙与舒斯特出版公司提交了一份原稿之后，这个 26 岁的美国人坚信 21 世纪最好的小说即将出版，然而出版公司却拒绝了他的小说，而且其他出版公司也不打算出版这本书。图尔感觉自己内心最深处的信念动摇了，从此开始酗酒度日。6 年之后，也就是 1969 年，在密西西比州的比洛克西，图尔把橡胶软管的一端插进了汽车的排气管，将另一端放进了车内，就这样结束了自己的生命。图尔自杀后，他的母亲终于找到了一家出版公司出版了他的原稿《笨蛋联盟》。1980 年，《笨蛋联盟》出版，这部小说随即被评论家誉为美国南部文学的巨作。图尔也因此在死后被追授了普利策年度最佳小说奖。《笨蛋联盟》的销量超过了 150 万册。

英国数学家、哲学家伯特兰·罗素曾写道："精神即将崩溃的症状之一，便是相信自己的工作极端重要。"把自身和自己的工作看得太重，这恰恰就是使命的危险所在。谁如果像图尔一样将完成自己的使命看成是人生不可分割的一部分，那他一定不会拥有美好的生活。如果图尔并没有把写作看成自己唯一的使命，而是仅仅将其看成一项自己恰好出色掌握的技能，那他也许就不会崩溃了。当然，你可以抱着热忱的，甚至有几分痴迷的态度去践行自己的技能，但你的重点应该放在行动、工作和投入上，而不是成就、效果和产出上。换句话说，"我今天至少写完三页"的心态，会比"明天我肯定能拿诺贝尔文学奖"要好。

使命令人快乐，这个浪漫的想法是错误的。那些固执地追逐使命的人，其实过得并不快乐。他们只是被自己的固执冲昏了头脑而已，并且很可能过不了多久便会心灰意冷，因为使命往往与某些不切实际的期待紧密相关。谁如果决心写出21世纪最好的小说，打破世界纪录，创建一个新宗教，或者永久性地解决世界贫困，那他实现自己目标的概率只有万亿分之一。请别误会，你可以追逐远大的目标，但前提是你一定要同这个目标保持一种冷静、疏远的关系。如果你盲目地追逐自己的使命，那这种执着定会让你过上悲惨的生活。

另一个与之相关的陷阱是选择性偏差。我们只看到了与使命相关的成功案例，比如居里夫人，她在15岁时就将自己当成一名科学家，并最终真的获得了两次诺贝尔奖；再比如毕加索，他10岁时就被一所绘画艺术学校录取，并最终完成了对绘画艺术的革新。我们在很多传记、采访和纪录片中都能看到此类美好的故事，但那些数量多得多的失败者，我们却未曾看到。比如一位受挫的科学家，他的研究报告只有他的妻子和母亲两个人读过。抑或一位怀才不遇的“世纪钢琴家”，尽管她在教学方面没有任何天赋，但她此时却只能在某个无名小镇中，用教音乐的方式来践行自己的使命。这些人都是因为在使命甜蜜的歌声中对其亦步亦趋，而最终被边缘化的。即便是当地的小报都不屑于对这些人进行报道，可他们为什么还要追逐使命呢？

人们常说自己除了做某件事情之外别无选择。这种论调虽然听起来很浪漫，但本质上却是一派胡言。原始社会的猎人和采集者别无选择，古埃及的奴隶别无选择，中世纪的农妇别无选择，但时至今日，如果谁还宣称自己内心最深处的呼唤令他别无选择，而只能献身于诸如弹吉他之类的使命，那这个人脑子肯定是缺根弦。

即便所谓的使命真的存在，也不值得我们去义无反顾地追逐。黑客、骗子和恐怖分子都相信，他们已经找到了属于自己的使命，所以他们的内心已经被手头的“任务”攻占。希特勒当然也曾感受到了自己的使命，类似的人物还有拿破仑、斯大林和本·拉登。很显然，使命并不适合被用作道德层面上的指南针。

所以我们应当怎么做呢？不要听从你内心的声音。使命仅仅是你的一个职业愿望而已。浪漫的使命是不存在的，存在的只有天赋和爱好。你要依靠自己实际拥有的技能，而不是假定意义上的召唤。当然，如果你掌握的技能恰好也是你喜欢做的事情，那你的确十分走运。还有一点也同样重要：其他人必须认可并珍惜你的天赋，因为冰箱还是需要被食物填满的。就像英国哲学家约翰·格雷所说：“几乎没有什么事会比拥有一项无人问津的天赋更加不幸了。”

17 好名声的牢笼

将自己从外部评价模式转换到自我评价模式

你想做以下哪种人？世界上最聪明但被别人认为是最愚蠢的人，还是世界上最愚蠢但被别人认为是最聪明的人？

在鲍勃·迪伦获得2016年诺贝尔文学奖时，他曾一连好几个星期音信全无。没有任何声明，没有任何采访，甚至连瑞典皇家科学院的电话他都不接。因此社会各界都在批评他：怎么会有这么不懂感恩的人？太自大了！太冷漠了！终于，他在英国某报社的采访中做出了回应："我非常感激此项殊荣。"鲍勃的语气如此冷淡，就好像是一个公关顾问将这些话强行塞进了他的嘴里一样。鲍勃·迪伦并没有参加颁奖仪式，或者说是迟到了整整三个月。人们只能认为他对这个世界上最负盛名的奖项一点儿都不关心。

出生于1966年的格里高利·佩雷尔曼被认为是目前在世的最伟大的数学家。在2002年，他解决了世界七大“数学千年难题”中的一个，而剩余的6个难题至今依然无解，因此他被授予了菲尔兹奖。然而他却拒绝了这项“数学界的诺贝尔奖”，就连100万美元的奖金都没有领取，尽管他的确可能会需要这笔钱，佩雷尔曼没有工作，他和母亲一起住在圣彼得堡的一座高层公寓楼里。在他眼中，数学是唯一重要的东西，而世人会如何看待他和他的成就，这对他来说完全无所谓。

还记得我刚开始写作的时候，知道别人怎么看待我的书，对我而言十分重要。积极的评价会令我很开心，而批评的每一个字都会令我感到气愤。我把称赞看作是衡量成功的标准。然而到了40多岁的时候，不知从何时起，我也有了自己的“鲍勃·迪伦时刻”。我明白了，公众的评价与我的作品质量没什么关系，这类评价不会让我的书变得更好或更糟。有了这样的认识之后，我感觉整个人就像是从自建的牢笼中解脱出来一样。

让我们回到最初的问题。沃伦·巴菲特是这么问的：“你想成为这个世界上最棒的情人，即使别人都觉得你是世界上最差的情人，还是想成为世界上最差的情人，即使别人都觉得你是最棒的情人？”通过这句话，巴菲特诠释了一个对于美好生活而言意义重大的观点，即内心评分卡和外界评分卡的差异，也可以称作自我评价模式和外界评价模式。自我评价和外界评价，究竟哪个更重要，这才是问题所在。巴菲特说：“孩子很早就能明白父母会看重哪些方面，如果他无论做什么事，父母都会重视外界对他的看法，那这个孩子便会在外界评价模式中长大。”相信你已经猜到了，这种做法甚至会将美好生活扼杀在摇篮里。

遗憾的是，将自己尽可能好的形象展现出来，是埋藏在我们内心深处的一个强烈的冲动。内心评分卡和外界评分卡，你觉得哪一个对我们采集狩猎的祖先来说更为重要？当然是后者。他们的生活极大程度上取决于别人对自己的看法，以及他们的同胞会与他们合作还是将他们从群体中驱逐出去。所有不在乎外界评分卡的祖先，都早已从基因库中消失了。

大约一万年前，最早的村庄和城市出现了。在这些地方，不是每个人都有机会当面认识所有的本地居民。维护自己的名声，在此时便显得尤为重要，因为名声总会比它的主人跑得更快。人们可以通过背后议论来增进对他人的了解，所以打这时起，闲话便统治了世界。下次与朋友碰面的时候，请记住一点，你们 90% 的聊天内容都是在谈论他人。

我们如此在意自己的外在影响，从进化论上来看是可以理解的，但这不意味着时至今日，这么做依旧有它的道理。恰恰相反，别人的看法远没有你想象的那么重要。你对于自己的威望、声誉和形象的反应过于强烈了，换句话说，你依然处于石器时代的模式中。无论别人是把你捧上了天，还是向你泼脏水，这对你生活造成的实际影响，都会远远小于你的自尊心或羞耻感所带来的影响。所以请将自己从这种情绪中释放出来吧。这么做有几个原因。第一，你可以避免“情绪过山车”。从长远的角度看，你不可能一直都将自己的名声经营得很好。菲亚特汽车公司曾经的掌门人乔瓦尼·阿涅利说过一句话：“当你老去的时候，你便会拥有自己应得的名声。”他想说的是，你可以暂时愚弄他人，但这出戏演不了一辈子。第二，过于关注自己的威望和名誉，会使我们对那些真正能令人快乐的元素产生扭曲的看法。第三，过度关注名声会令我们精神紧张，而这对于美好生活是有害无益的。

我们对自己外界评分卡的关注从未像今天这样密切。记者戴维·布鲁克斯曾说：“社交媒体创建了一种让人人都成为微品牌经理的文化，他们利用脸书、推特、短信和照片呈现了一个失真的、喜气洋洋的、活力四射的外在自我。”布鲁克斯还用了一个非常精妙的短语——“寻求认可的机器”。稍不留神，我们就会变成这样一台机器。脸书中的点赞、评论和粉丝数等可量化的即时反馈，构成了一张大网，然而反馈所针对的那些状态，却并非用户的真实状态。一旦被这张大网罩住，你便很难再让自己脱身，并过上美好的生活了。

结果呢？全世界的人都可以依照自己的意愿来发出针对你的评语、推文或留言。人们会在背后说你的闲话，搬弄是非。

他们会把你捧上天，然后再狠狠地踩你一脚，而这些都是你无法控制的。但谢天谢地，你并没有必要去试图控制这些。如果你不是政治家或者名人，也不需要通过广告来赚钱，那你就不必再去理会自己的名声了。点赞与被点赞，一切都随它去吧。不要在谷歌上搜索自己的名字，也不要去请求他人的认可。相反，你应当做些实事，并按照自己能接受的方式来生活。巴菲特说过："如果我做了什么事，别人不喜欢，但我自己很喜欢，那我会感到高兴。如果我做的事，别人纷纷夸奖，但我自己并不满意，那我也不会为此而高兴。"这便是一张完美的内心评分卡。你也应当坚守自己的内心评分卡，并用一种友好、洒脱且冷漠的态度来对待外界的褒贬。自己对自己的看法才是唯一关键的。

18 “历史终结错觉”
你可以改变自己，却无法改变他人

每次走过苏黎世机场的时候，我都会注意到一些细微的改变：这儿又多出一家店，那儿又新开了一个咖啡馆，头顶上方又冒出来一块巨大的广告牌，面前那些如士兵列队般整齐的验票口，看起来正光芒四射。我偶尔会在新建的停车场中迷路，有时也会在改建过的候机楼边缘地带绝望地寻找电源插座。我平均每个月都会在苏黎世机场这座迷宫中穿越一次，一晃三十载。每次来到这里，我的大脑都会适应涉及机场设施的一些微小的变化，所以在下一次到访时，我总是可以轻松地找到通往登机口的路。然而，记得我第一次来到这座机场的时候，那会儿我还是一个小男孩，拉着母亲的手，一起为出差的父亲接风。我还记得父亲从飞机上走下来，在跑道上朝我们挥手……我必须要说：当时那个苏黎世机场和今天这个几乎没什么相似的地方。曾经的苏黎世机场只有一个冷冰冰的候机厅，在这里，公共广播会用单调的声音播报航班的起飞时间，并呼叫着每一位迟到的乘客（当时还会用法语）。此外，你还能听到指示牌上的字母和数字在更迭时发出的有规律的沙沙声。今天，配备了三条跑道的苏黎世国际机场，俨然成了一个熙熙攘攘的购物中心。相信你也能想起类似的地方，譬如火车站、城市和大学，这些地方已经随着时间的流逝发生了天翻地覆的变化，然而，在一次次到访时，你对这种变化却并没有什么察觉。

那么你自己呢？随着时光的流逝，你又改变了多少？试着回忆一下，20 年前你是什么样子。请不要去想那些外在的方面（例如工作、住处、外貌），而是来回忆一下你的品格、性格、脾气、价值观，以及兴趣爱好等。将当时的你和现在的你对比一下，然后为自己的改变程度打个分吧，从 0 分（毫无变化）到 10 分（彻底改变，即仿佛完全变了一个人）。

我问过的大多数人都能发觉自己在过去的 20 年中，在个性、价值观和喜好等方面发生了一定程度的改变。他们通常会给自己的改变打 2 至 4 分。虽然没有像苏黎世机场一样经历彻头彻尾的变化，但我们多少都还是变了一些。

接下来的问题是：你觉得在接下来的20年里，自己会有多大变化？这个问题的答案分值通常都会比上一个要低得多，即在0至1分之间。也就是说，大多数人都不相信自己在未来20年中，在内心的最深处还能经历什么改变，即便有的话，改变的程度也会非常小。在这一点上，城市、机场和火车站与我们是有区别的。这很滑稽，不是吗？我们的性格发展从今天开始便会陷入停滞，这会是真的吗？当然不会。哈佛大学心理学家丹尼尔·吉尔伯特把这一现象称为“历史终结错觉”。实际上，我们在将来的改变程度和过去会差不多，至于是朝哪个方向变化，现在还难以说清，但可以肯定的是，你会在将来拥有不同的个性和价值观，这一点已经得到了相关研究的证实。

让我们暂时把“人格”“价值观”之类的大概念放一放，先来看一看你的偏好。请想想20年前你最喜爱的电影是哪一部，而如今又是哪一部；20年前你的偶像是谁，如今你的偶像又是谁；20年前你最重要的朋友是谁，而时至今日，你最重要的朋友又变成了谁。请花一分钟时间来回答这些问题。

为了测量偏好的变化究竟有多大，丹尼尔·吉尔伯特想出了一个绝妙的主意。他问了人们两组问题：（1）10年前你最喜欢哪支乐队？你今天愿意花多少钱去看他们的演唱会？（2）今天你最喜欢哪支乐队？10年后你愿意花多少钱去看他们的演唱会？两个答案之间的差异令人吃惊。同第一问中的演唱会相比，人们对10年后那场演唱会的开价平均高出了61%。这个结果证明了“历史终结错觉”的正确性以及偏好的不稳定性。

这里有一个好消息，也有一个坏消息。

先说好消息：你能够为自己个性的改变施加些许影响，但影响的幅度却有限，因为人格变化极大程度上是由基因程序决定的。尽管如此，你还是应该抓住一些改变自己的机会。控制人格发展最有效的方式便是借助自己的偶像。巴菲特曾写道：“只要告诉我你心中的英雄是谁，我便能说出你将来会成为什么样的人。”所以，请谨慎地选择自己的偶像。

坏消息是：你无法改变他人，甚至连你的爱人和孩子，你都无法改变。只有来源于内心的动力才能促成性格的改变，外界的压力或理性的论证对此都是无效的。

我针对美好生活提出的最重要的原则之一，便是学会避开那些你不得不改变他人的情况。正是这一简单的策略，让我摆脱了很多痛苦、亏损和失望。具体来说，我从不会雇用那些需要改变性格的人，因为我知道我做不到。无论可能获得的利润有多大，我都从不和那些与自己性情相差太大的人做生意。此外，假如我必须要改变某个组织中成员的思维方式，那我是断然不会去领导该组织的。

聪明的商人会一直采取这个策略。自成立以来，美国西南航空公司的一条指导原则就是“雇用看态度，技术靠培训”。人们无法改变自己的态度，最起码在一定的时间内不能，外界因素更是难以促成改变的发生，可技能却不同。

然而，很多人都会选择无视这个简单的策略，这令我非常吃惊。我有个堪称“派对狂”和“社会人”的朋友，他娶了一位美丽而内向的女士，并自认为能够将这位沉默寡言的妻子改造成一个豪放开朗、迷恋派对的人。当然，这种尝试是徒劳的。不久之后，他便经历了一次代价极大的离婚。

与本章相关的生活准则是“只同你喜欢且相信的人共事”。就像查理·芒格所说：“天啊，如果可以只和我信任的人打交道，并把其他所有人都赶走，那真是太划算了……害群之马的数量可是不少，而明智的人则会避开他们。”话说回来，你应当如何摆脱那些自带毒性的个体？我有一个建议：每年的 12 月 31 日，我和妻子都会在纸条上写下那些对我们不利的人，以及那些我们不想再在生活中遇见的人。然后我们会很庄严地将这些纸条一个个扔进火里。这个仪式会令人非常惬意，并且颇具治愈效果。

91

19 生命的“小意义”

哪些目标你能完成，哪些不能

美国作家泰瑞·皮尔斯拨通了朋友盖瑞的电话，此时他听到了以下留言：“你好，这里是盖瑞的家，我不是一台自动应答机，而是一台自动提问机！我有两个问题：‘你是谁’和‘你想要什么’。”停顿了一会儿之后，提问机继续说道：“如果你认为这两个问题很无聊，那你应当思考一下，95%的人度过了自己的一生，却连其中一个问题都答不出来！”

第一个问题你会如何回答？绝大多数人都会报出自己的名字，然后讲一讲自己如何谋生，有时还会补充一小段关于自己家庭的信息（比如“我是两个孩子的母亲”）或个性特征（比如

“我喜欢与人相处”)。这样的回答有什么用呢?没有。但我们不能因此而怪罪作答的人,因为关于自己身份的问题,我们无法用一句话、一个段落来回答,甚至不能用10页纸的篇幅来回答。无论你是谁,都需要一本深度达到普鲁斯特意识流级别的小说,来对你的性格和生活做出合理的评判。

因为我们的生活是由无数方面组成的,所以任何“一行文字式”的答案都无法做到准确。然而,我们却总想下意识地将自己压缩成一句话,不仅是在给盖瑞打电话时,而且在面对自己的时候也是如此。我们为自己构建的形象就像漫画书中的人物形象一样:没有矛盾点,简单到荒谬,积极到过分。在第22章中你将看到,我们是如何编造出自己一生中所有的经历的。这里先提一句:最好不要回答“你是谁”这个问题,因为这只会浪费你的时间。

再说说第二个问题,“你想要什么”。与前一个问题不同,这个问题你是能答上来的,而且回答这个问题对你来说很重要。该问题询问的是一个人的“人生目标”,有时也叫作“生命的意义”。“意义”这个词虽然短小,但其含义却很不明确,所以我建议你将“生命的意义”精确化,即将其区分为“生命的大意义”和“生命的小意义”。

谁如果想要找到“生命的大意义”,那他肯定正在尝试回答下面这类问题:我们为什么会在地球上?为什么宇宙会存在?所有这一切究竟意味着什么?到目前为止,每种文化都会用属于自己的传说来回答这些问题。其中特别可爱的一个说法是：世界在一只巨龟的背上，这是一个在中国和南美皆有的神话。抑或是基督教神话：上帝曾在六天内创造了一切，而在审判日，上帝却又让一切灰飞烟灭。与神话作家不同，针对“生命的大意义”，科学界并没有找到答案。人们只知道，只要有足够的物质和能量，生命便会继续漫无目的地发展。然而无论是针对人类、生命，还是整个宇宙，这个超脱一切的目标我们却从未发现。从根本上来说，世界是没有意义的。所以你也不必再寻找“生命的大意义”了，这只会浪费你的时间。

然而，寻找“生命的小意义”却至关重要。这里涉及的是你个人的目标、抱负和使命，也就是盖瑞的答录电话中的第二个问题——“你想要什么”。没有个人目标就没有美好生活，这一点古罗马哲学家塞内卡在2000年前就想到了：“让所有的努力都归向你的目标，让它永远出现在你的眼前。”没有什么能保证你一定能达到目标，但有一点是肯定的：没有目标的人，注定一事无成。

人生目标非常重要。举个例子：美国的研究人员曾询问过一些17到18岁的学生，经济方面的成就对他们而言有多重要。选项包括：1——不重要；2——重要；3——非常重要；4——不可或缺。许多年后，他们再次询问了被调查者的实际收入，以及他们对生活的总体满意度。第一个结果是：人们青年时期的经济抱负越大，他们在中年时期赚的钱就越多。这证明了一点：目标是会发挥效果的！这个结论令心理学家感到惊奇，因为他们曾长期相信，人类只会像巴甫洛夫的狗一样对外部刺激做出反应。

第二个结果是：所有年轻时曾想在毕业之后获得高收入，并在之后达到目标的学生，都普遍对于自己的生活感到满意。相比之下，那些认为金钱很重要，却未能实现其财务目标的人，对生活则颇为不满。你也许在想，金钱让人快乐，但事实却并非如此，因为对于未将财富视为人生目标的人来说，他们对生活的满意度并不受收入高低影响。决定你快乐或不快乐的并不是金钱本身，而是你是否实现了自己的目标。这一点同样适用于其他类型的人生目标。

为什么目标会奏效？一方面，有目标的人会为达到目标而付出更多的努力；另一方面，目标令决策更加容易。生活是由无数个岔路口组成的，在每一个岔路口前，我们要么随性前行，要么以目标为导向。难怪那些认为财务成功“不可或缺”的学生，都选择了高薪的工作（比如医生、律师、顾问等）。

所以，确立人生目标是明智的做法。这里还涉及两个问题，诺贝尔奖得主丹尼尔·卡尼曼曾评价道：“难以完成的目标，是催生不满的良方。”换句话说，你要注意自己的目标是否现实。如果某人又矮又胖，却梦想着成为一名篮球明星，那他等于是给自己挖了个坑。类似的目标还有成为第一个登上火星的人，或者当总统，或者成为亿万富翁等。这类目标都是不可控的，因为达到目标所必备的前提条件中，有99%你都无法左右。不切实际的目标无疑会带来失望。我的建议是，请故意让你的目标显得有点模糊（例如用“生活富足”来代替“亿万富翁”）。如果你能实现目标，那当然很棒。如果未能实现目标，你仍然可以用“（至少在一定程度上）实现了目标”来评价自己的现状。你甚至不必刻意这么去想，因为你的大脑会自动生成这个观点。

目标会奏效，目标很重要！可大多数人对“生命的小意义”却缺乏清晰的思考。他们要么没有目标，要么给自己确定一些“时下流行”的目标。然而有时候，只有撕碎不切实际的幻想，设定可实现的目标，我们才能走在通往美好生活的路上。与匆匆赶到某个落脚点相比，知道自己前进的方向显然更加重要。

20 两个自我

为什么你的生活不是一本相册

我想给你介绍两个你很熟悉，却没有听过名字的人，一位叫“体验自我”，另一位叫“记忆自我”。

“体验自我”是你在经历眼前这一刻时的意识。以你为例，这个“体验自我”现在正在阅读这句话中的文字。它过一会儿还会经历你将如何合上书，放下书，也许还有你是如何站起身来给自己煮一杯咖啡的。“体验自我”的经历，不仅包括你现在正在做的事，还包括你的所想与所感。它感知着你的身体状况，如疲惫、牙疼或紧张不安的情绪。这一切都会融合成一个独立的瞬间经历。

话说回来，一瞬间又有多长？在心理学家眼中，一瞬间大约有三秒。这就是我们感知到的“当下”，即当下所经历的所有元素的集合。而一段更长的经历，则是由一系列独立的瞬间经历组成的。除去睡觉的时间，我们每天大约会经历两万个瞬间。如果按照平均寿命来算，我们一生中则会经历大约 5 亿个瞬间。

所有在一秒钟内掠过你大脑的印象会被如何加工？它们中的大部分都永久性地消失了。你可以用一个实验来测试下自己：在 24 小时 10 分钟零 3 秒之前，你具体经历了什么？也许你打了个喷嚏，也许你看向了窗外，也许你掸下了裤子上的一粒碎屑。无论这个经历是什么，它都已经离你而去，只有不到百万分之一的经历会留存下来，所以，我们本身就是一台巨大的经历粉碎机。

这便是你的“体验自我”。第二个我想介绍的人名叫“记忆自我”，即那些没有被意识丢弃，而是被加以保存、评价、归类的极少数内容。如果在 24 小时 10 分钟零 3 秒之前，你正把一颗有生以来吃过的最好吃的胡桃糖放进嘴里，那么你的“记忆自我”现在也许仍然记得这件事。

我们可以用一个简单的问题来展现这两个“自我”之间的区别：你觉得快乐吗？请花一点时间来回答这个问题。

好的，你都想到了什么？假如你咨询了自己的“体验自我”，它会告诉你在这一瞬间所经历的情形，以及你这三秒钟的心理状态。身为你眼前文字的作者，我肯定希望你的答案是积极的。如果你咨询了自己的“记忆自我”，那它则会对你的总体情绪进行大致的描述，即你过去一段时间的感觉如何，以及你对生活的总体满意度有多高。

不幸的是，这两个自我很少能给出相同的答案。研究人员曾调查过学生在假期的幸福感。他们会从一天中随机选出几个时间点，用短信询问他们这一瞬间的感受，并在假期结束的时候再次询问他们。结果证明，“记忆自我”会比“体验自我”更开心一些。这个结果并不意外，你一定听说过记忆的“有色眼镜”吧：很多事情过后看来都会更美好。这也意味着我们不能相信回忆的力量，因为回忆很容易出现程序性误差。

下面的实验便揭示了这个误差究竟有多大：在第一轮测试中，学生要把手放在 14 摄氏度的冷水里一分钟，这是一段相当不愉快的经历；而在第二轮测试中，学生在把手放到 14 摄氏度的冷水里一分钟后，还需要再将手放入 15 摄氏度的冷水里 30 秒。实验一结束，研究人员便立即询问被试者更愿意重复哪一轮测试。最终有 80% 的人选择了第二个，但这是一个没有道理的决定。客观来看，第二个实验更加糟糕，因为被试者要承受第一轮实验的全部痛苦，外加上 30 秒同样不甚愉快的经历。

为什么会出现这个结果？诺贝尔奖得主丹尼尔·卡尼曼将其称为“峰终定律”。他发现，人们对事件“顶峰”（即该事件的高潮，事件进程中最激烈的瞬间）和事件“终点”的记忆是最清晰的，而其他任何内容都难以逃过记忆的筛子。在刚才的冷水实验中，高潮经历在两轮测试中是一样的（均为 14 摄氏度的冷水），然而测试的结尾却不相同。第二次测试的结尾（15 摄氏度的冷水）比第一次（14 摄氏度的冷水）更舒服一些，所以大脑会认为第二次测试更加愉快，尽管在“体验自我”的眼中，第二次测试不如第一次愉快（从客观的角度来看也的确如此）。

同样，经历的长短也不会对回忆产生什么影响：实验是进行 60 秒还是 90 秒，被试者在做出评判时根本就不会考虑到这一点。这个现象非常普遍：无论你的假期是一周还是三周，你对此的记忆大致是一样的。同样的道理，不管一个人是坐了一个月还是一年的牢，刑期长短对他的记忆都不会有影响，他回忆铁窗生活时的思维强度不会因此而出现什么改变。这种认知上的偏差被称为“时长忽视”，“时长忽视”是记忆犯下的第二严重的错误，仅排在“峰终定律”之后。

你的“体验自我”很善于挥霍（它几乎扔掉了所有东西），而你的“记忆自我”却极易受到错误的攻击，并引导我们做出错误的决定。正是因为“记忆自我”的误算，我们更倾向于标榜简短而高强度的愉悦感，却极少珍视安静、持久、稳定的快乐：我们会选择蹦极、刺激的一夜情或吸引眼球的 YouTube 视频，来代替远足、有规律的婚内性生活或一本好书。

如今，有关“极端生活”的书籍已经自成一派，这类书的作者不外乎是战地记者、极限登山者、新创企业家以及表演艺术家等。他们宣扬的思想是：对于温和适度的快乐而言，人生实在是太短暂了，只有通过经历那些极端的高潮和低谷，我们才能“感受”人生。平静而普通的生活等同于失败的生活。这些作家还有他们的读者其实已经落入了“记忆自我”的陷阱。赤脚跑步横穿美国，或是在最短的时间内征服珠穆朗玛峰……这些事只有在回忆中才是精彩的经历，而在完成的那段时间里，一切都只是折磨而已。极限运动正是以牺牲每时每刻的快乐为代价来滋养回忆的。

所以，话说回来，你的“体验自我”和“记忆自我”，究竟哪一个更重要呢？很明显，两个都重要。没有人愿意失去美好的回忆。然而，我们却倾向于过分重视“记忆自我”，并生活在对回忆的收集之中，而不是专注于当下的生活。遏制这种冲动吧！好好想想，究竟哪一个对你更重要：是一段美好充实的生活，还是一本装满照片的相册？

21 记忆账户

经历远胜回忆

请在脑海中描绘出一段你能想到的最佳经历，在加勒比海上巡游十载，或是一段穿越银河系的太空之行，抑或于苏黎世皇冠大厅与上帝共进晚餐，再配上 1947 年白马酒庄的红酒。你愿意为自己最渴望的经历支付多少钱呢？

花一点时间，用几个关键词来描述你能想象到的最美妙的经历，并记录下你开价的上限。

随之而来的问题是：如果你事后无法回忆起这段美妙的经历，那你又愿意为此支付多少钱呢？如果你记不清自己的加勒比海游艇看起来如何，如果你爬出太空舱时已经想不起众星球发出的光芒是什么样的，如果你已经想不起同你一起吃饭的上帝是男是女，更不用说红酒的滋味……即便让你绞尽脑汁回忆，时间不限，你也还是什么都想不起来。我问过的大多数人都认为，这样的经历对他们而言是不值得拥有的。

你很可能也会这么想。然而，如果你能将这样的美妙经历记住一天、一年或十年，你又愿意分别为此支付多少钱呢？

遗憾的是，人们还没有针对这个问题进行过科学调查。我收集的答案虽然都有些戏谑的色彩，却包含了一个普遍的共识：只有能记住的经历才有价值。我们可以将这个现象称为记忆账户。我们与自己的记忆共存得越久，记忆的价值就越大。如果一段（积极的）记忆能一直停留在账户中直到你去世，这段经历的价值就应当在事后被评为最高；如果记忆只能停留一半的时间，那么经历的价值也就减半，以此类推；直到记忆的持续时间缩减到零，这样的经历，其价值也会降到零。这个结论令人吃惊，并且毫无道理，因为无论记得与否，经历一件美好的事都会比没有经历要好。毕竟在那个时刻，你确实度过了一段美好的时光！总之，你和我都会在死后忘记一切，因为那时我们都已不复存在。如果死亡注定会抹光我们的记忆，那么一直将它保留到生命的最后一刻又有多重要呢？

探索阿尔茨海默病患者的情感世界是很有趣的一件事，因为他们所经历的正是一系列短暂的事件，一个画面接着一个画面，不存在任何后续回忆。如我们所知，动物王国中的绝大多数成员也是过着这样的生活，它们只拥有片段经历，却几乎甚至完全没有记忆。医院中总会有一些护工粗暴地对待阿尔茨海默病症患者，并争辩说："反正病人什么都不会记得。"虽然事实的确如此，但是病人却能够很好地感知每一刻。他们的"体验自我"在正常工作，正如我们的一样。

研究表明，在回忆美好经历的时候，尤其是戴着怀旧的有色眼镜观察往事的时候，我们会感到更快乐。许多心理学家因此认为，我们应当花些时间，下意识地回忆过去的快乐时光。这个提议值得怀疑。我们为什么不在此时此刻，把时间花在为自己创造新的美好体验上？和重温过去相比，有意识地品味眼前的瞬间，并不会耗费更多的精力，反而还更容易。除此之外，我们眼前的经历一定会比模糊的回忆更加真实有力，气息和色彩也会更加浓郁。你并非一定要通过跳伞或看一场完美的日落才能享受当下。即使像现在这样，坐在椅子上读一读本章的内容，你也能收获一系列快乐的片段（希望如此）。请让身体有意识地感受当下的时刻，而不是在尘封的记忆中翻找，因为你在那里找不到太多东西。以度假为例，我们只会记得最风光的（也许还有最倒霉的）那一刻，以及假期的结尾。这便是之前介绍过的，来自卡尼曼的峰终定律。也许你还能再回忆起另外两三个场景，但也就这些了。人们总觉得自己可以像看电影一样重放他们的记忆。不！记忆是一维、肤浅、抽象的，而且经常是错误的，有时是拼凑出来的，其价值微乎其微。简言之，我们高估了记忆的重要性，却低估了经历的价值。

到 20 世纪 60 年代，对“此时此地”的觉醒逐渐受到关注，年轻人开始尝试迷幻药、自由性爱以及一些即兴事件。哈佛大学教授理查德·阿尔伯特以其印度法名拉姆·达斯而为人所知。在经历了解雇之后，他于 1971 年出版了畅销书《活在当下》。针对当时的生活方式，你真的想不出比这更好的座右铭了。拉姆·达斯在书中主要宣传了古代佛教教义，并使其适用于西方文化。

如今，20 世纪 60 年代那种“当下的感觉”又重新流行起来，并被贴上了“正念”的标签。大都市中的一些精英爵士乐手、瑜伽老师和生活咨询师正痴迷于此。

这种美好的活法本身是正确的，然而人们如今却总将“活在当下”与“不顾未来”混为一谈，这显然不行。

日历上经常出现的那句“把每一天都当作最后一天来用”，绝对算得上是一个愚蠢的建议，这种行为方式会将你送进医院、监狱甚至坟墓。为将来做打算，尽早识别并远离那些危险的陷阱，一直都是美好生活的一块拼图。

我们的大脑会自动加工过去、现在和将来这三段时间，问题在于我们应当专注于哪一段。我的建议是：请为自己制订一个长期计划，然而一旦计划制订完毕，你就应当开始全心全意地专注于当下的时光。

应当被无限放大的是眼前的经历，而非以后去回忆。请欣赏日落，而不是拍下日落的照片。即便没有任何回忆，一段充满了美妙瞬间的人生也是一段美好的人生。所以，请不要再将眼前的经历当成是为记忆账户准备的存款。最迟在我们死去的那一天，这个账户就会被永久关闭。

22 生活的故事皆为谎言

为什么我们会怀揣着一个错误的自我印象游历世界

你对第一次世界大战了解多少？没错：1914 年，在萨拉热窝，一个塞尔维亚的自由主义战士枪杀了奥匈帝国的王位继承人，于是奥匈帝国向塞尔维亚宣战。受到盟国条约的束缚，短短几天之内，几乎所有的欧洲国家便被卷入了战火之中。由于没有任何联盟具备绝对的统治力，所以前线很快便陷入了僵持。战争造成的人力、物力损失史无前例，凡尔登因此成为这次毁灭性战争的标志。四年之后，吞噬了 1 700 万条人命的第一次世界大战结束了。

也许你对第一次世界大战也做出过类似的总结。除非你是历史学家——那你肯定会知道，情况当然不是这样的。与我们在脑海中勾勒出的历史相比，真实的第一次世界大战要复杂得多，偶然因素的影响力也远比我们想象的要大。事实上，直到今天，我们依旧无法理解为何战争开始于塞尔维亚。在那个年代，暗杀是司空见惯的事，出现频率会比现在高很多。德国也完全可以因为这种理由而向法国宣战，反之亦然。我们同样不知道为何会出现如此旷日持久的阵地战。事后看来，第一次世界大战前不久才出现的大批武器技术革新（例如机枪、坦克、毒气、潜艇以及初期空军等），似乎本应引领一场更加流畅的战争。

我们经常将大脑比作电脑，这个比喻其实是不恰当的，因为电脑存储的是原始信息，信息的最小单位是比特；而大脑存储的却不是原始信息，而是加工过的信息。同比特相比，大脑更喜欢的存储单位是“故事”。为什么呢？因为大脑的存储空间局限于我们的头骨之内。800亿个脑细胞听起来很多，但是要想存储我们所有看到、读到、听到、闻到、尝到、想到和感受到的一切，这些细胞远远不够。因此，我们的大脑想出了一个压缩数据的绝招——利用故事。

故事在真实世界中是不存在的。你可以花费十年时间，带着放大镜跋涉七大洲，翻过每一块儿石头，可你却找不到一个故事。你会找到石头、动物、植物、菌类……如果有一个强大的显微镜，你还会看到细胞、分子、原子甚至能看到基本粒子，但你依旧找不到故事。客观而言，即使你生活在第一次世界大战的时代，也依旧没有目睹第一次世界大战。你目睹的只有堆满人的战壕，戴着怪异的钢盔，穿梭在战壕中的士兵，只剩下树桩的森林，呼啸而过的子弹，以及数不尽的人马尸体。

大脑是如何将事实编织成记忆的呢？答案是：将这些事实拼接成一个内容紧凑、连贯、有因有果的故事，即3K原则。“紧凑”意味着，这些故事要被压缩、简化，但不能有断层；“连贯”意味着，故事中不能出现矛盾；“因果”意味着，故事中必须存在一条明确的逻辑线——A导致了B，B导致了C，而且这条事态发展的线路必须要有意义。

大脑会自动完成这项工作。我们的“作品”，不仅包括关于战争、股票行情以及时尚潮流的故事，还包括我们自己的人生故事。在前文我们已经了解了“记忆自我”，而编造故事正是“记忆自我”最根本的任务。你的人生故事中包含了你是谁、从哪里来、正走向何处，以及在你眼中什么才是重要的。人们也将这个故事称为“自我”或者“自我印象”。这个故事是紧凑的：如果有人问你是谁，那么只需寥寥几句，你便可交上一份简明扼要的答案。这个故事是连贯的：与情节不搭配的经历自然会被遗忘，而大脑则会以惊人的创造力来填补记忆断层（这个技能我们甚至感知不到）。这个故事同样还包含着因果联系：你的每一个举动都有其意义，而针对人生中发生的一切，你都能找到原因。于是你的人生故事内容紧凑、前后一致、有因有果。

然而我们头脑中的人生故事有多真实呢？我三岁的儿子曾在客厅墙壁上用粉笔给他自己画过肖像，人生故事的逼真度也就和这幅肖像差不多吧。可能你现在会想：可能的确如此，但这有什么问题吗？至于有没有问题，请看以下四点。

第一，我们改变自身的速度会比想象的要快，这种变化不仅关乎个人偏好（例如兴趣爱好、最喜欢的音乐、最喜欢的食物等），还同样会涉及那些看起来似乎难以改变的方面，比如我们的人格特质和价值观。那个 20 年或 40 年后的自己，那个我们现在正通过每周苦干 70 个小时来抚养孩子或买房的人，一定会和我们现在想象出来的不一样。也许未来的那个你压根就不想买房，并且很不理解当时的自己，为何会为那些不认识的雇主和股东一周工作 70 个小时，忙到犯心脏病为止。

第二，我们的人生看似易于规划，实则不然。机会在人生中扮演的角色比我们想象的要大很多。命运观、操纵着灾难的幸运女神……这类历经了千百年考验的思维工具，在过去的 100 年中却被我们完全抛弃了。所以，当事故、癌症、战争、死亡等糟糕的意外从天而降时，我们才会如此沮丧，而直到 20 世纪，我们都还能够更从容地接受这一切。在过去，人们会做好迎接命运女神到来的思想准备，但时至今日，命运的到来却意味着“系统失灵”。将那些与命运相关的思维工具重新摆回重要的位置上，绝对是美好生活的准则之一。

第三，大脑编织的这张人生故事网，使得我们很难再抛开一切解释、背景和借口，来对单个因素进行赤裸裸的观察。借口是我们的绊脚石，令我们无法从错误中吸取教训。

第四，我们眼中的那个自己，会比真实的自己更加优秀、美丽、成功、智慧。这种“自利性偏差”会令我们比理智的时候冒更多的风险，也会导致我们太过妄自尊大。

我们总是怀揣着一个错误的自我印象。真实的自己，一定会比我们脑海中的那个自己更加复杂、矛盾、荒谬。所以在别人“错误地”评判你的时候，请不要惊讶，因为你自己也是这样做的。要想了解自己最真实的形象，你必须要求助于那些多年来一直都很了解你，并且敢于直言不讳的人，比如你的爱人或某一位老朋友。还有一个更好的方法：坚持写日记，并时不时地品读一下自己的心路历程。相信那个时候，你一定会对自己若干年前的样子感到震惊。尽可能现实地看待自己，包括自己身上的那些矛盾、短处和阴暗面，是通往美好人生的必经之路。如果你能够看到真实的自我，那你便会有更大的机会成为你想要成为的人。

100
$

23 美好的人生旅程，胜过优雅的死亡

为什么不要去想濒死的那一刻

“假如我现在正躺在临终的病床上，回忆着自己的一生……”这种想法对你而言肯定不陌生。然而这种充满感情色彩的幻想其实是没有意义的。首先，几乎没有人在临终病床上时还能如此清醒。心脏骤停、脑出血、癌症被称作三大死亡之门。在前两种情况下，我们根本没有进行这类哲学思考的时间，而绝大多数癌症患者必须使用最大剂量的止疼药物，这些药物也会影响患者思维的清晰度。还有慢性痴呆和阿尔茨海默病患者，他们也同样不会在临终病床上再有什么新想法。正如我们在之前看到的那样，即便我们在人生的最后一个小时还有

兴致回想一下过去，我们翻起的那些回忆也毫无真实性可言。我们的“回忆自我”会出现程序性错误，就好比一位只会讲虚构故事的说书人。

在自己死亡的一瞬间或死前的一小时提出假设，绝对是不值得的。请相信我：那时候的情景绝对会和你现在想的不一样。更重要的是，放眼整个人生，死前最后几分钟的感受可以说无足轻重。针对死前时光的思考纯属徒劳，并且会将你的注意力从美好生活上转移走。

丹尼尔·卡尼曼曾经提出过有关回忆的各种不同类型的程序性错误，其中一种叫作“时长忽视”：某段经历的长度在回忆之中并不会发挥作用。无论假期是持续了一周还是三周，大脑在事后对这段假期的评价是一样的。对于整体评价而言，只有假期的高潮和结尾会发挥作用（也就是我们在第 20 章中读到的“峰终定律”）。如果一场电影的结尾令人不满意，那么即便其整体精彩，它给我们留下的印象也肯定不怎么样。同样的道理也适用于聚会、音乐会、图书、演讲、住所以及感情等方面。

峰终定律在评价人的一生时也同样适用吗？让我们一起来寻找答案吧。请评价一下安娜的人生：安娜从未结婚，也没有孩子。她生活得非常幸福，有一份快乐的工作，并享受着自己的假期、业余时间以及一众好友带来的欢乐。30 岁时，她在一场车祸中瞬间便毫无痛苦地离开了人世。请用数字衡量一下安娜人生的精彩程度吧：最低 1 分（十分糟糕），最高 9 分（精彩至极），而 5 分则是个中庸的分数（马马虎虎）。

再来评价一下贝尔塔的人生吧：贝尔塔从未结婚，也没有孩子。她生活得非常幸福，有一份快乐的工作，并享受着自己的假期、业余时间以及一众好友带来的欢乐。她生命的最后五年虽然没有之前那么美好，但过得也还算舒适。35 岁时，她在一场车祸中瞬间便毫无痛苦地离开了人世。请同样用 1 至 9 分来评价一下贝尔塔的人生。

美国的调查者也向受调查的学生提出过类似的问题，结果显示：安娜的人生得分明显比贝尔塔的人生要高。但这并不符合逻辑，因为她们在人生的前 30 年中都过得非常幸福，虽然贝尔塔多活的那五年不如之前绚丽，但这五年总的来看也还是不错的。理性评价的话，我们应当给贝尔塔的人生打更高的分，然而安娜是在人生的巅峰时刻死去的，而贝尔塔去世时，其生活质量同之前相比要低一些，峰终定律在这里再次应验。最后五年还算舒适的生活居然没能成为加分因素，这令人吃惊。研究人员将这种结果称为“迪恩效应”。演员詹姆斯·迪恩的演艺生涯堪称华丽，然而在 24 岁时，在其演艺生涯的巅峰时刻，他却因车祸而殒命。假如他没有死，而是在未来数年或数十年中仅仅是一个普通意义上的好演员，过的也是平凡而快乐的生活，那他的人生在很多人眼中一定会逊色不少。

现在我想请你重新评价一下安娜和贝尔塔的人生，这一次我们假设她们分别在 60 岁和 65 岁经历了车祸，而其他所有条件都相同，那么你会给她们的人生轨迹打几分？在继续阅读之前，请花一点时间考虑一下。

在调查中，受访者给出的答案同之前如出一辙：安娜的人生还是要比贝尔塔的更理想一些（峰终定律再度应验）。然而令人费解的是，安娜多活的这极为美好的 30 年，居然没有为她赢得额外的分数。在评判安娜人生的精彩程度时，她是 30 岁去世还是 60 岁去世，并不会对结果产生什么影响；贝尔塔当然也是一样。这个完全不合逻辑的结果，成为“时长忽视”的经典例证之一。

让我们回顾一下上文的内容：衡量一个人的人生有多么绚烂，对我们而言总是一件难事，因为我们的思维会有规律地犯错误。在评判虚构人物（比如安娜和贝尔塔）的人生时，这类错误倒还可以原谅，不过要评判自己的人生，我们便不容犯错了。请时刻记住一点：我们的人生很可能并不会像詹姆斯·迪恩一样在最巅峰的那一刻结束，而是会在持续数年的，从身体到精神的衰退之后结束。在患病的时光中，你的平均快乐指数肯定会比没有病痛的那几十年要低，至于低了多少，则取决于病痛的严重程度。你应当如何总结自己的一生？请不要让病痛毁掉你对整个人生的评价。宁可经历幸福的一生，然后在临终病床上挣扎几个小时，也不要糟糕地过完一生，然后再华丽地死去。衰老和死亡，这是我们必须要为美好人生付出的代价，就像吃完一顿大餐之后要买单一样。我并不打算为一顿咖喱香肠似的快餐付这么多钱，但如果在星级饭店中享受一顿上六轮菜的大餐，外加顶级的红酒，那就不一样了。

比拼“谁能活得更久”是件很无聊的事。美好的人生旅程比美好的离去更加重要。请为第一件事好好花些心思，但不要为第二件事浪费任何心思。唯有在期待自己最痛恨的敌人死去时，对死亡的思考才有些意义。好吧，你完全可以去想象他的死亡，也许这会有益于心理健康，就像塞内卡曾经的建议一样：“请保持平和，想想吧，你的敌人定会死去，而你却不需要为此动一根手指。”

24 自我怜悯的旋涡

挖掘过去为什么毫无意义

丑角卡尼奥在上场前一刻得知自己美丽的妻子背叛了他。他爱自己的妻子胜过一切，然而她却背着他和别的男人偷情。卡尼奥现在孤零零地坐在马戏团帐篷后面，试着在化装的时候不让眼泪流出来。帐篷里的观众期待着他的登场。几分钟后，他就将扮演一个欢快的角色，因为演出注定要继续。随后他唱起了那首神圣凄美的咏叹调《粉墨登场》，而此时眼泪已经滑过了他的妆容。

莱翁卡瓦洛于 1892 年创作的歌剧《丑角》的第一幕，就是以这个画面结束的。《粉墨登场》是有史以来最富感情的咏叹调之一，也是世界上所有伟大的男高音歌唱家都曾极力高唱过的曲子，包括恩里科·卡鲁索、普拉西多·多明戈、何塞·卡雷拉斯等。只要在 YouTube 上输入“帕瓦罗蒂”和“粉墨登场”，你就能找到这首歌，在帕瓦罗蒂以小丑卡尼奥的身份歌唱，并沉溺于自我怜悯的那一刻，你一定会为此而心碎。

在第二幕，也是本剧的最后一幕中发生了常见的凶杀案，小丑刺死了所有参与其中的人。然而在真正的高潮过后，这一幕几乎已经无法再次打动人心。自从该剧首映以来，小丑面带眼泪的形象便永远停留在了我们的记忆里，同时也早早地在流行文化中占据了一席之地。史提夫·汪达的单曲《小丑的眼泪》便是一个例子。这首歌是 20 世纪 60 年代最畅销的单曲之一，然而与原版咏叹调相比，它在音乐方面的复杂程度差不多是后者的 1%，而感情负荷则大约只有后者的 0.5%。

谁如果在听《粉墨登场》的时候眼眶没有湿润，那他可以说是无药可救了。然而我们也清楚：从长期来看，丑角卡尼奥的行为只会产生反效果。在面临生活中的困境时，自我怜悯是最没用的反应之一。自我怜悯不能改变任何事，相反，它如同一个情绪旋涡，我们在里面游得越久，陷得就越深。一旦深陷其中，人们便会很快受到妄想症的困扰，会觉得有一群人，抑或所有人，乃至整个宇宙都在诅咒自己。这对他们来说是一个恶性循环，对周围的人也是如此，他们身边的人早晚会远离他们，他人的这种做法无可厚非。只要在自己身上感受到了自我怜悯的苗头，我马上就会试着让自己游离这个危险的旋涡。俗话说得好，如果发现自己已经身陷洞中，就别再继续挖下去了。

投资家查理·芒格曾讲过他一个朋友的故事。他的这位朋友总会随身携带一摞打印好的卡片，只要看到有人表现出了哪怕是一丝自我怜悯之情，他便会用夸张的动作抽出最上面的一张卡片递给对方，卡片上写着："您的故事已经触及了我内心的最深处。我不知道还有谁比您更悲惨了。"他用这种有趣的、令人振奋的，但同时也有几分无情的方式，劝告对方不要自我怜悯。芒格是对的，自我怜悯是一个灾难性的思维错误。

尤其不可思议的是，自我怜悯行为，特别是其所谓的"翻新版"，在过去几十年中的发展简直令人震惊。这种"翻新"一部分发生在社会层面，在此过程中，大批的人将自己归入了受害者阵营，而导致他们"受害"的"事件"则发生在数百年前。某些大学的整个院系都在致力于挖掘这些导致人们"受害"的历史渊源，并对此加以研究，直至最细微的分支，而研究结果看起来也有理有据：生活在美国的黑人至今还能感受到奴隶制和种族隔离的影响，而非洲大陆依旧笼罩着殖民主义的阴云。同样，妇女、原住民、犹太人、同性恋者以及移民等群体也能找到属于自己的不公。这一切都显得合情合理，令人信服。

但这种自我怜悯却依旧是毫无用处的，甚至是有害的。从另一个角度想想，我们到底要往回追溯多少年呢？是 100 年、200 年，还是 500 年？ 500 年前，地球上有 100 万人都是你的直系血亲，即你的祖父的祖父的祖父……你家族中的某个分支过去肯定被残酷地压迫过，这一点毋庸置疑。我们可以把一切旧账都翻出来，然而这又有什么用呢？请接受属于过去的不公，并试着去应对或接受当前的困境。群体性怜悯和个体怜悯一样，都是有害无益的。

自我怜悯的“翻新”还会发生在个人层面。病人坐在心理咨询师的沙发上，绞尽脑汁回忆着自己的童年，只为想起那些他本该忘记的，却很适合为自己的现状背黑锅的事情——他目前的生活也许不太理想。这种做法从两个方面来看都有问题。首先，对他人的责备，尤其是对自己父母的责备，总要有个时限。谁如果 40 岁了还把自己的问题归结到父母身上，那只能说他实在太不成熟了，确实该有这些麻烦。

其次，多项研究已经表明，即便在童年时期遭受了命运的打击（如父母去世、离异，被忽视，被性侵等），也与人成年时期的成就和满足感没什么关联。美国心理学会前主席马丁·塞利格曼曾经分析过数百项调查，并得出了如下结论：“我们很难发现童年经历对成人性格产生的影响，哪怕是一些微小的影响。而针对那些重要的、具有决定性的影响，我们更是找不到任何一条线索。”比童年经历更具决定性的是我们的基因，而基因的排列则是完全随机的。你当然可以让基因来为自己的现状背黑锅，并针对第 7 章讲过的“卵巢彩票”来抱怨一番，但这又有什么用呢？

不要在自我怜悯的泥塘中打滚，是“心理卫生规范”中的原则之一。生活并不完美，你和他人的生活都是如此，请接受这个现实。古罗马哲学家塞内卡曾说过：“命运会将麻烦事直接丢到你头上，生活并不属于软弱的人。”只因过去过得不快乐，便让自己现在也不快乐，这么做又有何意义呢？面对当前生活中的不幸，如果你能做些什么来扭转乾坤，那就去做；如果你做不了什么，那就接受现实。诉苦只是浪费时间，而自我怜悯更是会带来双倍的反效果。首先，你并没有在这段时间中为克服困难而做些什么；其次，这种自毁行为带来的负能量会和你本身的不幸叠加在一起，让生活更加艰难。或者正像芒格在他的《铁律》一书中所写的那样：“谁如果总在想某件事或者某个人把他的生活给毁了，那么毁掉其生活的正是他自己。‘受害者’心理是最具灾难性的生活向导。”

25 快乐论与实现论

如何让乐趣和意义彼此互补

下面这些行为对你而言有多么享受？

请用0至10之间的数字来评价一下（0代表毫无乐趣——你对此完全没兴致，10代表极致享受——你简直想不出更美好的事来）：你最喜欢的巧克力，在战争中保卫祖国，沉浸在自己的爱好之中，把孩子拉扯大，在非洲建立医院，阻止全球变暖，性爱，看世界杯，扶老奶奶过马路，以及加勒比海的养生之旅。请花上几秒钟来回答一下。

我们绝大多数人都会给性爱、巧克力、看电视和度假打9至10分，而拉扯孩子之类的事往往只能得到2至3分。

接下来的问题是：你觉得上面这些行为的意义有多大？我们还是用 0 至 10 来评价，0 代表完全无意义，10 代表拥有至高无上的意义。请再花一点时间来思考一下。

绝大部分人的答案都会同之前相反。拉扯孩子的意义明显会比养生之旅要高很多，而扶老奶奶过马路也绝对会比吃掉巧克力更有意义。

好吧，如此看来，究竟哪一点重要呢？我们更应当专注于哪个方面？美好生活的拼图，是那些“令人享受”的行为，还是那些“充满意义”的行为？

早在公元前 5 世纪，古希腊哲学家就曾针对这个问题站过队，其中一小部分所谓的快乐论拥护者坚信，美好生活是由尽可能多的即时享受组成的。“快乐论”起源于古希腊语中的“hedoné”一词，包括“快活、娱乐、兴致、享受、性快感”等意思。举个具体的例子：如果此时能让自己沉醉在一个搞笑的 YouTube 视频中，那我们为什么还要去扶老奶奶过马路呢？

而绝大多数哲学家却持相反立场，他们认为这种直接的享受是低贱的、堕落的，与动物无异；相反，那些“高尚”的快乐才是构成美好生活的主要因素。他们将追逐“高尚快乐”的行为称作“实现论”。自打这个空洞的辞藻出现以来，人们便开始争辩一件事：诠释“实现论”的最佳方式究竟是什么。众多哲学家的结论是：我们必须要用美德来填充这个概念。只有值得尊敬的人生才是美好的人生。换句话说就是：要去非洲建医院，不要关心世界杯。依照他们的观点，美德对于美好生活的促进作用是巨大的，比如柏拉图和亚里士多德曾经提出过的勇敢、坚定、公正和睿智。当然，他们创造的这四个词也都是空洞的概念。几百年后，天主教派欣然接过了这四面大旗，并创造出了属于自己的版本——“四枢德”，即智德、义德、勇德和节德。然而谁如果执拗地追随这个观点，那他定会得出荒谬的结论，比如“躺在阿根廷海滩上晒日光浴的纳粹战犯其实并不快乐，而那些被食人族生吞活剥的传教士，才会因自己的虔诚而获得真正的快乐”。这段言简意赅的评论出自哈佛大学哲学家丹尼尔·吉尔伯特。

这两派的观点显得错综复杂。来自伦敦商学院的哲学家保罗·多兰曾试图厘清二者的关系：如同声音的两个要素——音调和响度一样，我们经历的每一个瞬间也是由两个要素组成的，即“兴致成分”（也被称为“快乐成分”）和“意义成分”。快乐成分代表直观的享受，而意义成分则代表了我们对某一瞬间存在的意义的感知。比如对绝大多数人而言，吃巧克力的快乐成分很高，而意义成分却趋近于零；相反，扶老奶奶过马路的快乐成分很低，但意义成分却很高。

然而，保罗·多兰并没有对“意义”做进一步的定义，这本可能会导致“美德”这座伫立了2500年的纸牌屋在他的身后坍塌。其实只要按照“眼见即知”的原则，我们每个人都能马上明白自己此时此刻的行为究竟有多大意义。比如在你阅读这段文字时，快乐成分可能还比不上喝一小口柏翠酒庄的红酒，然而同喝红酒相比，阅读的意义成分会更高一些（希望如此）。对于你手头这本书的作者而言，这种感觉会更明显。实话实说，写这一章真的不是什么享受，我咬紧牙关在坚持，但我认为，将自己的想法在纸面上表达出来，是件很有意义的事。保罗·多兰将意义和享受视作美好生活的两块基石，诺贝尔奖得主丹尼尔·卡尼曼将他的这个观点称为“勇敢的独创视角”。

好莱坞每年都会制作四五百部电影，这可是几十亿美元的大买卖。所以，研究者想要调查人们观影的动机，并找出能让电影火起来的万全之策，也就不足为奇了。在很长一段时间中，所谓的“娱乐电影理论”都占据了统治地位。该理论认为，为了让观众从平淡的真实生活中解放出来，电影需要给观众带来恰如其分的兴奋感，不要太无聊，也不要太紧张，观众应当看到靓丽的演员和有趣的故事，故事的结局一定要美满。然而总有一些优秀的电影，其成功之策并不能用“快乐论”来解释，比如《美丽人生》《辛德勒的名单》《美丽心灵》。除了纯粹的享受之外，电影中还应当出现有意义的元素。只要赋予一部电影足够的意义，那么哪怕电影充斥着悲伤的色彩，或者拍摄成本低到寒酸，也同样可以成为一部好电影。这是优秀的导演、作家和演员早已心知肚明的事，但直到不久前才得到电影学家的证实。

意义同样会在职场中发挥作用。尤其是年轻员工，他们更愿意为了能有机会参与一些有意义的项目，而接受低于市场标准的工资。这对于追逐理想的初创公司是件好事，但对于大企业却不利，因为后者必须通过增加享乐主义的成分（金钱）来弥补其在意义上的缺失。当然，艺术家也一定明白这种权衡：是饿死在艺术的辉煌之中，还是为了赚钱而创作迎合大众口味的作品？

我的建议是：请将乐趣和意义进行适度的混搭，避免极端。因为在你走向某一个极端时，边际效用会出现递减。最迟等到你吃完第四磅巧克力，连续看上 24 小时电视，或经历了第五轮性高潮之后，巧克力、电视和性爱的吸引力便会不复存在。同样的道理，谁如果日日夜夜都在为拯救世界而奉献，并禁止自己享受一切乐趣，那他也会缺乏动力。享受和奉献，这两件事最好能轮流出现。如果你已经拯救了世间的一寸土地，那就先奖励自己一杯啤酒吧。

26 尊严圈（上）

即或不然

在1939年德国入侵波兰，发动了第二次世界大战之后不久，英国开始派遣士兵穿越英吉利海峡，他们的任务是在即将发生的德法之战中支援法国。1940年5月，30万英军驻扎在了法国北部的港口城市敦刻尔克及其周边地区。同月，德国攻击了比利时和荷兰，并进军法国。仅仅过了几天，英军便发现自己已被德军包围。德军的屠杀只是时间问题，战局令英军感到绝望。一名英军军官通过电报向巴黎发送了三个单词："But if not"（即或不然）。现在问题来了：我们应当如何解读这三个单词？

熟读《圣经》的人（这在当时是理所当然的），瞬间便可明白这三个单词的含义。它们出自《旧约》。巴比伦国王尼布甲尼撒二世向三名敬畏上帝的犹太人宣布：“若不敬拜，必扔在烈火的窑中。”国王让三名犹太人考虑一下，他们的回答是：“尼布甲尼撒，这件事我们不必回答你。即便如此，我们所侍奉的神能将我们从烈火的窑中救出，他也必救我们脱离你的手。即或不然，你当知我们决不侍奉你的神，也不敬拜你所立的金像。”

1940 年 5 月伦敦的那条电报说明：敦刻尔克的战况不妙，我们已被敌军包围，除非奇迹发生，否则我们无法突破包围圈，然而我们已经下定决心，无论发生什么，我们绝不投降。以上所有信息皆包含于“即或不然”之中。总之，这三个单词表达了一项“绝对的承诺”。

几天之后，英国在一场混战中调集了 800 余艘驱逐舰、渔船、商船、游艇和泰晤士河渡轮，成功救出了 33 万余名英国和法国士兵。这便是我们至今仍会提到的“敦刻尔克奇迹”。

由于今天的人们对《圣经》已经不那么熟悉，所以很少有人能理解“即或不然”的意义。时至今日，人们会用“除非我死了”来表达同样的含义。

这种态度为我的生活定义了一个界限清晰的领域，该领域中包含了一切不容商榷的元素，即那些无须解释的优先级和原则。例如我不愿做的事情，即便价格涨十倍，我也不会去做。换句话说，金钱在我心中绝不会成为决定性因素；我绝不会把自己孩子的照片上传到网上；我绝不在背后讲自己家人或朋友的坏话，哪怕我有理由这么做，当然这种理由还从未出现过。与“能力圈”类似，我将这个界限清晰的领域称为“尊严圈”。在第3章中，我们曾探讨过什么是誓言，尊严圈同第3章的内容紧密相关。它涵盖了你所有的誓言，并会保护你免受三种类型的攻击：（1）更好的理由；（2）致命的危险；（3）与魔鬼的契约。涉及尊严圈的三章如同三部曲：我们会在本章首先介绍“更好的理由”所带来的威胁，并在接下来的两章中进一步探讨另外两种威胁。

同能力圈一样，尊严圈的范围大小并不重要，重要的是你要清楚地知道它的边界在哪里。

对尊严圈的忠诚，其实并不符合追本溯源的精神。尊严圈与我在其他方面支持的一切元素都是矛盾的，例如清晰的思考、理性，以及“更好的理由”理应获得的胜利。这种忠诚真的对吗？持续不断的质疑，难道不是进步的基础吗？答案是：具体问题具体分析。一个范围较小的、不容侵犯的、界限清晰的尊严圈，会对美好的生活起到决定性作用。而有一点对尊严圈而言至关重要，那就是圈内的元素均无法以理性的方式得到解释。如果你能够解释这些元素，那你将永远不得安宁。你的生活会缺少坚实的基础，因为你必须随时预计到“更好的理由”会出现，而这个“更好的理由”会将你之前所有的优先级、原则和信念打破。

如何建立自己的尊严圈？不是通过深思熟虑；相反，尊严圈将随着时间流逝自然地物化成形。对大多数人而言，这一过程会发生在中年时期，这也是我们走向成熟的一个关键步骤。在此之前，你必须经历一些事情，比如错误的决定、失望、失败和危机。你必须具备足够的自省精神，以便能清晰地知晓自己应当准备好去捍卫或放弃哪些原则。有些人从未建立起自己的尊严圈，所以他们的人生缺少基础，并总是容易被诡诈谬论攻击。

请收紧自己的尊严圈。小圈子之所以比大圈子更有力量，原因有以下两点。首先，你在尊严圈中存储的元素越多，这些元素之间就越容易起冲突。你无法同时满足几十个优先事项。其次，圈子中的元素越少，你对自己信仰的捍卫就越坚定，捍卫的效果也会越好。巴菲特曾警示我们："正因为承诺如此神圣，所以它的数量必须稀少。"这句话不仅适用于对他人许下的承诺，而且同样适用于对自己的承诺。因此，请以极其严苛的态度来选出自己的"不容商榷之事"，即那些你不能放弃的原则。

说到这里，一切似乎都已明了，然而你需要对一件事做好准备：你会因为守护自己的原则而让一些人失望，特别是那些你觉得可亲的人。你可能会伤害他们，冲撞他们，而作为回应，他们也同样会伤害或冒犯你，或者让你感到失望。你必须准备好忍受这些情绪，因为这是你建立尊严圈时必须付出的代价。只有傀儡的生活才不会出现任何冲突。能力圈的建立需要一万个小时，而尊严圈的建立则需要一万次伤痛。

我们为此付出的代价是否值得？这个问题本身就是错的，因为弥足珍贵的东西注定无法用价格来衡量。马丁·路德·金曾经说过："如果一个人还没有找到值得为之牺牲的事业，那他也不值得活着。"这样的人，至少无法拥有美好生活。

27 尊严圈（中）

一旦你从外部垮掉

1965年9月9日，年轻的美国海军飞行员詹姆斯·斯托克代尔驾驶战斗机，从奥里斯卡尼号航空母舰起飞，前往越南。在成功地向目标阵地发动了常规进攻后，他在返航途中遭受了防空部队出其不意的袭击，弹射座椅将他弹出了机舱。“我降落到距地面300米的高度，还有大约20秒便会着陆。我已查看周围环境，预计将在一个小镇的主街降落。那里的士兵正朝我射击，还有人向我挥舞着拳头。”斯托克代尔被迅速抓获，人们将他丢进了河内华卢监狱。在这座关押美国战俘的监狱中，他遭到了审讯和殴打，受尽酷刑。斯托克代尔度过了七年半的牢狱生活，其中有四年还是单独监禁，直到越战结束。

只要稍微同折磨他的人搞搞关系，他便不必遭此虐待，但他没有这么做；只要偶尔说些反美的言论，监狱看守就会像对待普通囚犯一样对待他，不再施加酷刑，但他却从来没有动过这个念头，而是宁愿忍受监狱看守的折磨。斯托克代尔后来曾解释道，唯有如此，他才能维护自己的尊严。他的所作所为并非出于对祖国的热爱，也无关这场自己早已不再相信的战争，而是纯粹为了不让自己的精神意志垮掉。他做的一切都只是为了自己。

有一次，敌方计划将他转移到另一座监狱，以便在转移途中，在穿越城市的道路上，向国际媒体展示出一个干净清爽、营养良好的斯托克代尔。但就在离开监狱前，斯托克代尔抓起凳子就往自己脸上砸，一直砸到鲜血淋漓，双眼肿胀。敌方没法再将这副模样的斯托克代尔展现在世界面前。他曾回忆道：“那天晚上躺下的时候，我哭了，我很高兴自己拥有反抗的勇气。”

在旁人听来，这也许荒唐可笑。也许对于身陷囹圄的斯托克代尔来说，明智的做法是听从监狱人员的指示，服从命令，随大溜，保持低调，质疑美国入侵，再在获释后为自己开脱，说当时不那么做就会被折磨致死，相信所有美国人都会理解他的苦衷，没有人会去责怪他。但如果那样，斯托克代尔还能有力量熬过那七年半的苦痛吗？如果那样，他还能在回首往昔之时，将狱中的经历看成是自己的“无价之宝”吗？

如果对外表达的内容无法令自己的内心信服，那么随着时光流逝，一个人便会慢慢变成傀儡。其他人会利用他达到自己的目的，而他则迟早会缴械投降。他会放弃抗争，扛不住压力，意志力也会逐渐衰退。谁如果在外在层面上垮掉，那么他的内心也迟早会垮掉。

从索尔仁尼琴的《古拉格群岛》到埃利·威塞尔的《亡者之歌》，从普里莫·莱维的《如果这是一个人》到维克多·弗兰克尔的《活出生命的意义》，大墙文学自成一体。但这类书却经常被我们误读。在字里行间，读者搜寻着那些在恶劣环境下生存的锦囊妙计，然而绝大多数时候，幸存其实只是偶然而已。奥斯维辛集中营没有生存之道，那些在战争结束前被拘禁的人，活着出来的概率会比早在1942年就被拘禁的人要高，事实就这么简单。这里还有一个事实：只有幸存者才有机会书写作为战俘的经历，亡者无法书写。斯托克代尔就很幸运，在拉着降落伞飘向敌人的时候，他没有被子弹击中，然而……

然而，我们在这类作品中能发现一条基本原则：那些准备好熬过一日又一日的人，幸存的可能性将会一步步增大。最终，奥斯维辛解放了。每一拨关押都定会在某个时刻结束，而你要做的则是尽可能久地坚持下去。无论腾挪的空间多么狭小，你必须要做到从外到内都不屈服，永不放弃自己，坚持自我意志。只有这样，你才能挺过来。

正如前文所述，所有这一切都应该被理解为命运之神的统治。然而极端情境下发生的故事，即使对于我们这样的平民百姓而言也同样具有重要的意义。谢天谢地，我们不太可能受到酷刑的折磨，也不必忍受单独囚禁或寒风刺骨，但我们的意志、原则和偏好，即尊严圈中的那些元素，却会日复一日地遭受攻击。这些攻击并不像酷刑那般残酷，相反，它们不露声色，往往令我们难以察觉，比如广告、社会压力、不请自来的各方忠告、隐性宣传、时尚潮流、媒体炒作以及法律法规等。想象一下吧：每天都会有几十支箭朝你的尊严圈射来，这些锋利的毒箭，每一支都不致命，但每一支都足以伤害你的自尊，并让你的情绪免疫系统逐渐衰弱。

社会为何要将乱箭射向你？因为你的个人利益并不符合社会的利益。社会关心的是凝聚力，而不是单个成员的个人利益。个体对社会而言可有可无，并有可能被视作对整体的威胁，尤其是那些允许自己秉持不同原则的个体。社会只会让那些顺从的人获得安宁，所以你必须要准备好抵挡来自社会的乱箭，同时让自己的尊严圈变得更加牢固。

尊严圈，这道包围了你所有誓言的防护墙，只有在战火中才能得到检验。你可以主张崇高的理想，确立神圣的原则，并极力追逐最独特的偏好，数量不限，但只有在捍卫自己的尊严圈时，你才会像飞行员斯托克代尔说的那样“喜极而泣”。

相信人生经验已经告诉了你，最恶毒的攻击并非是针对身体的伤害，而是言语攻击。所以我想在这里介绍一个防御策略：假如有人在开会时对你恶语相向，那你可以请他将刚才说过的话一字不漏地重复一遍。你会发现，绝大多数时候，攻击你的人马上就会服软。一名记者曾在网上侮辱塞尔维亚总统亚历山大·武契奇，在一次采访中，总统要求这名记者大声朗读他当初说过的话，这名记者不胜惭愧，只得马上结束采访。

无论是在文学还是在电影作品中，那些尊严圈清晰的角色都会令我们着迷，比如《死亡诗社》中那个站在桌子上维护老师的托德·安德森。当然，你也可以想一想哲学家苏格拉底，他曾因为拒绝推翻自己的言论而被判死刑，并最终在极度平静的状态下将毒药一饮而尽。

对绝大多数人来说，尊严圈并非关乎生死，而是涉及一些针对有利地位的争斗。请尽力让攻击你的人举步维艰，当涉及不容侵犯的原则时，你要把主动权尽可能久地握在手中。即便不得不放手，也要让对手为你的投降付出最大的代价。这一信念之中蕴藏的洪荒之力，正是美好生活的关键之一。

28 尊严圈（下）

与魔鬼的契约

阿尔卑斯山脉是欧洲中南部的巨型山脉。几百年来，它隔断南北，阻碍了人员流动与货物运输。那些富于冒险精神的人，一直尝试着开拓出一条横穿山脉的道路。最可能通过的地方是位于瑞士乌里州与提契诺州之间，横穿阿尔卑斯山中部的圣哥达山口。这条路本身倒没什么问题，但谢勒嫩峡谷却从北侧阻断了通道的延伸。这个峡谷地势险峻、深不见底。如何才能跨过这个巨大的峡谷？答案是建桥，这就是13世纪的那座魔鬼桥。

为建此桥，乌里人屡试屡败。最后，州长在绝望中哭喊：

“让魔鬼来建座桥吧！”话音刚落，魔鬼顿时现身，并与久经挫败的当地人定下契约。他表示愿意建桥，但也需要酬劳，这个酬劳便是第一个过桥者的灵魂。

乌里人狡猾机智，他们接受了魔鬼的条件，随之便密谋一计。等魔鬼造完了桥，他们先送了一只山羊过桥。魔鬼自然大怒，捡起一块房子大小的巨石，欲将桥砸个粉碎。然而在这一瞬间，他却遇到一位虔诚的妇女，这个女人在石头上刻了一个十字架。魔鬼稍一分心，巨石顿时从他的手中滑落，呼啸着坠入峡谷，刚巧闪过了桥，一直滚到格舍嫩村才停了下来。自此之后，这块巨石便得名“魔鬼之石”。直到今天，我们仍然可以看到传说中的这块“魔鬼之石”。

乌里州的人本已典卖了灵魂，却毫发无伤地逃过此劫，坐收一座巧夺天工的运输桥梁。很多文化中都有类似的传说，然而结局却大多没有这么美满。在奥斯卡·王尔德的小说《道林·格雷的画像》中，男主人公格雷将自己的灵魂出卖给魔鬼，以换取永久的年轻和美丽，而画像中的他则要替自己慢慢老去。格雷随后过上了纸醉金迷的生活，而他的画像则越发丑陋。最终，格林再也无法忍受自己的一切，抽刀毁了画像，同时也杀死了自己。比这更为出名的是《浮士德》中的“魔鬼契约”：为了得到世上所有知识，也为了让自己能够纵情于所有可能与不可能的快乐之中，炼金术士浮士德出卖了自己的灵魂。歌德让浮士德成为经典，同时也让他走进了德国义务教育阶段的读物清单。从这时起，学生都开始盼着浮士德下地狱。

出卖灵魂，这意味着什么？显然，在任何年代、任何文化中，都有一些东西绝对不能与商业行为产生任何瓜葛，不能议价，不能交易，不能沾钱。这些东西是神圣的，是无价的。当然，在经济学家看来，“无价”一词并不存在。经济学家会说，神圣的东西只是被“严重高估”了价值，只要出资够多，主人自然动摇。这就是弗里德里希·迪伦马特的剧作《老妇还乡》轰动世界剧坛的原因。剧中的女主人公克莱尔为杀死自己曾经的情人开出了10亿瑞郎的高价，结果，她如愿以偿。

你也可以问问自己：在你的生命中，有哪些东西是神圣的，神圣到你不会以任何代价出售它们，哪怕是10亿巨款？请花一点时间思考一下，并在页边空白处写下答案。

你写下了什么？你的生命，直系亲属的生命，家族其他成员的生命，朋友的生命，也可能是任何人的生命。那你的健康呢？假如给你10亿，你会愿意为此而生病吗，比如白血病或抑郁症？你的想法呢？你的想法有标价吗？一些政客愿意将自己的选票卖给出价最高的公司，你会考虑做同样的事吗？如果你正在贫困线上挣扎，你会重新考虑吗？你的时间呢？你的专注点呢？你的原则呢？有没有一些东西，哪怕给你10亿，你也永远不会抛弃？

有些决定可能黑白分明，但有些却并非如此。正如我们在前面章节读到的一样，拥有一个狭小的、界限明确的尊严圈，绝对是美好生活的关键。之前的章节曾经提到过，我们一定要让自己的尊严圈免受以下三种类型的攻击：第一，更好的理由；第二，致命的危险；第三，与魔鬼的契约。而本章涉及的则是第三种。

如果你没有清晰地界定出自己的尊严圈，那么每当诱人的报价或者新的交易机会出现时，你都要重新考虑一番。这么做不仅浪费时间，而且还会侵蚀你的自尊和声誉，并让你在将来更容易受到新报价的攻击，此乃恶性循环。

我相信你的生活中并不缺乏各种交易。哈佛大学教授迈克尔·桑德尔在他的作品《金钱不能买什么》中揭示了过去50年来，“交易”是如何渗透到越来越多的生活领域中的。以前没有商量余地的事，现在都可以商量了。例如，美国一位女士为得到一万美元，同意将某公司的品牌文在自己的脑门上，这样，她就能够负担起儿子的学费了。

固然，这是一桩你情我愿的交易，但交易却涉及了身体。曾经神圣不可侵犯的人体，如今却沦为广告牌。

再比如，银行会将资金投入到退休人员的健康保险领域，而这些退休者死得越早，银行赚的钱就越多。无数案例表明，曾经神圣的领域正越来越多地受到货币经济的攻击。你不能指望立法者可以喝止金钱思维的铁蹄，你只有靠自己，才能在一次次攻击中守住尊严圈。

请明确划定自己的尊严圈。当金融病毒试图渗透价值观的免疫系统时，请不要让自己被病毒感染。无论何时，无论别人出多少钱，尊严圈内的事物都绝无商量的余地。涉及尊严圈的任何交易都是与魔鬼的契约，而你绝不会像乌里州的大桥那样，毫发无伤地挺过一切。

29 忧虑之书

如何关闭头脑中的“扬声器”

假设你是上帝，正准备创造一个新物种。你已经设定好了该物种的硬件，它看起来会像黑猩猩一样。现在该考虑软件了：当面对危险，特别是那种模糊不清、纯粹推测出来的危险时，该物种反应的幅度、速度和敏锐度应当有多高。

如果你将物种的“危险传感器”设置得太过迟钝，那它过不了多久便会坠崖而亡或被天敌吃掉，这会导致该物种很快便从地球上消失。相反，如果“危险传感器”太过敏感，那该物种便会因为巨大的恐惧而不敢挪动一步，最终在繁衍后代之前便已饿死。这样，等待它们的也是同样的命运——灭绝。

因此，你需要安排适度的焦虑，也就是将“忧虑检测器”设置到合适的强度。然而，这个合适的强度究竟在哪里呢？是恰好位于两个致命极端之间的中点吗？不。你要让你创造的物种倾向于过度小心，也就是说，当见到移动的影子时，它们宁可多逃一次，也不要少跑一次。你会让它感受到相当严重的焦虑、担忧和恐惧，但又不至于吓得不敢去觅食。

这正是地球上所有的物种经历的进化过程，当然也包括人类，这同样也是我们从早到晚被焦虑困扰的原因。内心的不安是我们大脑中一个很普通的程序构件。这个生物学程序是被锁死的，我们几乎不可能将它关掉。而这种忧虑一旦消失，亲爱的读者，无论是你还是我，或者任何人，都将不复存在。数百万年的历史已经证明，持久存在的焦虑是一种完美的生存策略。

为此，我们应当感到庆幸！但这种进化过程却也带来了一个弊端：时至今日，我们的焦虑程度已经不再与实际面临的生命危险成正比。你不再身处大草原上，不必想着每个水坑周围都藏着一只剑齿虎。事实上，90% 的忧虑都是多余的：要么因为你翻来覆去琢磨的那些问题并非真的十分危险，要么因为你对此根本无能为力。在夜深人静的时候，躺在床上为全球变暖、股市或来世等问题担心，真的一点儿用也没有；相反，这只会令你夜不能寐。

长期的焦虑会导致慢性压力，这种压力会耗费我们数年的阳寿，这一点在动物王国中已经得到了证实。加拿大研究者曾经做了一个令人印象深刻的实验：麻雀有各种天敌，比如浣熊、猫头鹰、猎鹰等。研究者用网罩封锁了一片森林，将麻雀的天敌隔离在外。麻雀的生存环境变得前所未有的安全。而后，研究人员将扬声器藏到森林各处。他们在森林的一个区域播放了掠食者的声音，在另一个区域播放没有任何威胁的自然声音。结果，听到消极噪声的麻雀产蛋量减少了 40%，而且它们产的蛋体积偏小，孵化率偏低。此外，成年麻雀因为恐惧而不敢去觅食，由于获得的食物太少，许多雏鸟被饿死，幸存下来的那些也较为孱弱。该实验清楚地表明：无须真正的威胁出现，恐惧本身便足以影响整个生态系统。

麻雀的案例同样适用于人类。更为糟糕的是，人类不仅害怕敌人，还会臆想出一切令自己害怕的元素。作为一种注意力转移策略，胡思乱想如今已颇为盛行：为了避免处理那些真正的麻烦，人们将注意力放在一些抽象问题上。这是一种懒惰的幻想，而由此引发的慢性焦虑则会导致我们做出错误的决定，并会引发疾病——即便从客观来看，我们并没有面临任何危险。

此时，我若能找到藏在你头脑中的那些“扬声器”的开关，并将它们直接关掉，那固然很好。然而遗憾的是，这样的开关并不存在。

来自古希腊和古罗马的斯多葛学派哲学家，曾建议我们使用以下技巧消除忧虑：（1）明确你能改变什么，不能改变什么；（2）解决能改变的问题，而不要让不能改变的问题困扰自己。2000年后，美国神学家莱因霍尔德·尼布尔也曾说过："神啊，请赐予我平静，让我接受无法改变的事情；请赐予我勇气，让我去改变我能改变的事情；请赐予我智慧，让我能将这两种事情分清。"这听起来简单，实则不然，因为平静并非按下按钮就能出现。

最近几年，冥想被吹捧成了能解决一切问题的良方，尤其适用于化解内心的不安和郁积的焦虑。实际效果呢？冥想确实有效，但只在冥想的时候有效。一旦从冥想中醒来，情感与思绪便会恢复，强烈如初。

尽管哲学和冥想享有无上的荣耀，但那些适用于实战的对策却对我们帮助更大。根据我个人的经验，以下三个策略颇为有效。

第一，留出固定的时间，专注于你的焦虑。具体来说：找出一个笔记本，并将其命名为"我的忧虑之书"。每天留出十分钟，在本子上记下令你忧虑的一切，无论这种焦虑是合理、是愚蠢，还是模糊不清。一旦这样做了，一天中剩下的时光包含的忧虑就会相对少些，因为大脑已经知道，它的忧虑没有被忽视，而是都被记录在册。请坚持每天都在新的一页上做记录。你会慢慢发现，惹你烦忧的总是那十几个问题。你可以在周末将一周的笔记再通读一遍，并遵循数学家伯特兰·罗素的建议：

“当你发现自己对某些事情念念不忘时，最好的办法就是让自己想的更多，想的比直觉要求的还要多，直到这种病态的魔力自我湮灭为止。”他的意思是说，你要首先设想出最坏的结果，而后再强迫自己跳出这个思维局限。这时你会发现，绝大部分的忧虑都会烟消云散，而剩余的一小部分，则是我们真正要做好准备面对的危险。

第二，购买保险。保险制度是一项伟大的发明，也是最优雅的忧虑杀手之一，其真正的价值并非事后做出的理赔，而是在事前减轻我们的焦虑。

第三，专注于工作，是应对胡思乱想的最佳疗法。令人着迷的、内容充实的工作，胜过沉思冥想，而且比任何其他事情都更能转移我们的注意力。

如果能将以上三个策略应用到自己的生活中，那你便会有很大的机会让自己过上无忧无虑的生活，也就是美好的生活。马克·吐温曾在晚年说过：“我已年老，经历过很多苦恼，然而担忧过的麻烦大多都没有发生。”希望在青春年少时，或者最迟到不惑之年，念及此语，你能会心一笑。

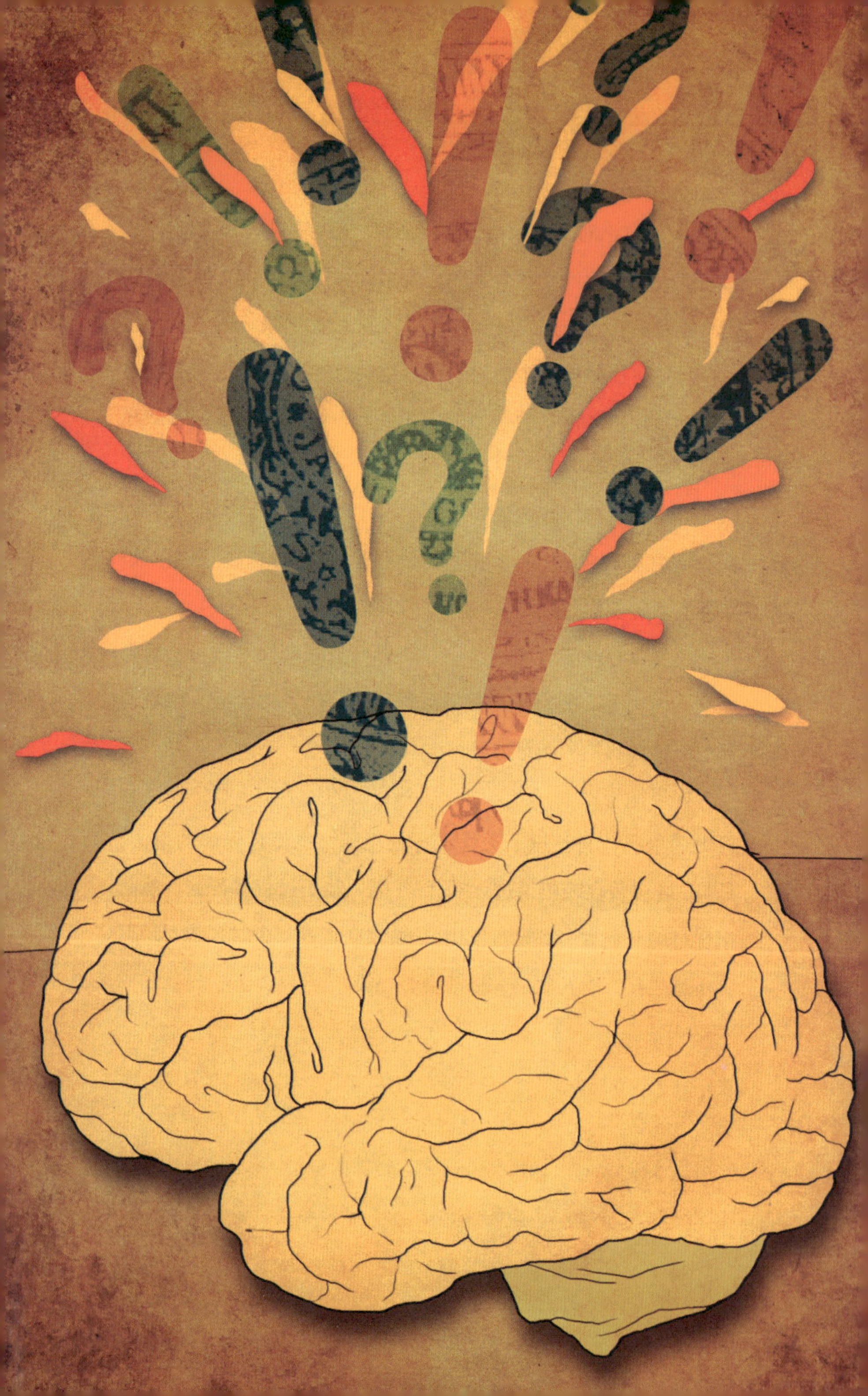

30 意见的火山

为什么不持观点会让人更加自在

最低工资标准应当上调吗？我们是否应当出售转基因食品？人类活动造成全球变暖，这究竟是事实还是环保人士歇斯底里的幻想？伊斯兰教的拥护者是否应该被逐出欧洲？相信针对上述问题，你一定能迅速做出自己的回答。那些对政治感兴趣的人甚至不需要花一秒钟来考虑答案。但实际上，这些问题太过复杂，我们根本就无法在瞬间得出结论。每个问题都需要我们至少花一个小时来认真地权衡利弊，否则理智的判断便不可能出现。

人类的大脑是一个蕴藏着各种意见的火山，它会不断喷发出各式各样的观点和想法。无论问题重要与否、是否有解，也无论问题是复杂还是简单，答案都会像五彩纸屑一般从大脑中喷发出来。

我们会因此犯下三类错误。

第一，我们会对自己不感兴趣的话题发表意见。在最近与朋友的一次谈话中，我发现自己又一次情绪激动地阐述了个人立场。那次谈话的主题是兴奋剂丑闻，而我其实对竞技体育毫无兴趣。随便翻开一张报纸，我们头脑中那座意见的火山就会喷发。所以，你应该为自己的火山盖上盖子，我当时也本该这么做。

第二，我们会对无法回答的问题发表意见。下一次股市崩盘会在何时？宇宙之外还有宇宙吗？明年夏天的天气会如何？没人能给出确切的答案，就算专家也没有把握。所以，要提高警惕，别让你的观点脱口而出。

第三，我们还倾向于对复杂的问题（比如本章开头的那些问题）做出草率的回答。这个错误最为严重。美国心理学家乔纳森·海特针对大脑在作答时的状态进行了大量研究，结果表明：我们在作答时，会迅速偏向问题的积极面或消极面，尤其是在问题比较复杂的时候。只有这样，我们才能向理性思维求助，从而为自己的观点提供佐证和支持。这与心理学中的“情感启发”有关。情感是瞬间的、一维的感受，这种感受是肤浅的，且只能对表征做出积极或消极的标记，即“我喜欢”或“我不喜欢”：看到一张脸——“我喜欢”；听到一桩谋杀案——“我不喜欢”；周末的阳光——“我喜欢”。这种情绪的存在是完全合理的，但在回答复杂问题时却不然，因为这时，我们会将情绪反应与正确答案混为一谈。情绪以闪电般的速度出现，为了捍卫这种情绪，我们立即开始在大脑中搜索论据、实例和典故，并最终形成自己的观点。然而在面对复杂问题时，这种思考方式显然相当糟糕。

迅速形成的观点会令我们做出错误的决策，其后果可能会很严重。此外，避免无节制地生成观点还有一个原因：“我并非一定要有自己的观点”——这种暗示会让你的内心平静下来，并让你活得更加洒脱，而这些都是构成美好生活的重要元素。

那么我的建议是什么呢？在你的脑海中放一个大桶，我们可以称它为“复杂之桶”。把那些你不感兴趣的、无法回答的，或是太过繁杂的问题都一股脑丢进去。别担心，即便如此，生活每天也会为你留下足够多的话题，即那些你可以表态或不得不表态的话题。

最近，一位记者问起了我的政治倾向，比如我是否支持更多国家层面的干涉，是否觉得消费税比所得税更公平之类的问题。显然，作为一名作家，你仿佛有资格对一切全球层面的话题发表观点。我看着他的眼睛，说了句“我不知道”。他放下笔，脸上挤出一丝苦笑，仿佛没听懂这句简单的话。“您这句‘不知道’是什么意思呢？”“我没想过这个问题。”我回答道。

“但您总得有您的看法吧！”“不，我并非一定要有自己的看法，因为这个问题在我的‘复杂之桶’中。”

无须对所有的问题持有观点，这简直是极大的自由。没有观点绝不意味着知识匮乏，你完全不必为此而感到羞愧。相反，不持立场是智慧的象征，是闪光点。困扰我们这个时代的并非信息爆炸，而是观点泛滥。

你要亲自选择感兴趣的话题。为什么要让记者、博主或推主来决定你应该思考的话题呢？他们不是你的老板！请以极端苛刻的态度来选择自己的话题，并将其他话题全都扔到“复杂之桶”中。当有人要求你对这个或那个做一番评论时，请保持克制。你会惊奇地发现，即便没有你的评论，地球也依然会转动。

但是，如果真的想要持有某种观点，你该怎么做呢？抽出一点儿时间，心平气和地将它写下来。写作是整理思路的理想方式。在将观点凝结成语句的过程中，凌乱的想法会变得越发清晰。此外，你还需要参考他人的观点，尤其是那些相反的观点。在确定了你的观点后，请对其提出质疑。试着推翻自己的观点，是检验其能否站得住脚的唯一方法。

总而言之，发表的草率意见越少，生活就会越美好。我甚至敢说，99%的意见都是多余的。对你而言，无论是在私生活还是在工作中，真正重要的意见只有1%。即使在谈及这一小部分问题时，你也不能死抓住“意见的火山”喷发出的第一个观点不放。你可以想象自己此时被邀请参加一档谈话节目，而在场的其他五位嘉宾全都反对你的观点。在现实中，你需要模拟这五位嘉宾，极力捍卫自己观点的对立面，只有这样，你才值得拥有自己的观点。

31 精神堡垒

幸运女神的轮盘

公元 523 年的一个清晨，学者波爱修斯家的大门口传来了敲门声。此时的波爱修斯 40 岁出头，是一位事业有成、声名卓著甚至有几分自负的知识分子。他出身于上层社会家庭，接受了最好的教育，并在狄奥多里克国王统治的罗马帝国中担任很高的职务。波爱修斯的婚姻堪称典范，他的子女也是最优秀的。而且，他每天都能从事自己最热爱的事业，将当时几乎没人能读懂的希腊语经典原著翻译成拉丁语。那天早晨，在敲门声传来的一瞬间，波爱修斯的财富、声望、地位和创作力都正处于巅峰。然而他随后便立即被捕，因为有人怀疑他支持了针对国王的谋反。法庭在波爱修斯缺席的情况下判了他死刑，他的钱财、书库、房屋、画作，以及他华美的衣装也全都被没收了。在地牢里，波爱修斯写下了最后一本书——《哲学的慰藉》。一年之后，依照当时的惯例，他被剑刺死。波爱修斯的坟墓如今位于帕维亚城的圣彼得罗金穹顶教堂中。

与中世纪绝大多数著作不同，《哲学的慰藉》同基督教的信仰没什么关联。尽管如此，它在当时依旧是流传最广的作品之一。这本书究竟写了什么？恐惧的、绝望的、等待着死刑的波爱修斯坐在地牢之中，这时突然有一个上了年纪，却容貌出众的女神飞进了牢笼，她就是“哲学”。她向波爱修斯解释了这个世界，并送给了他一系列思维工具，来帮助他应对这个全新的却毫无出路的境地（这与本书的目标高度契合）。我在下面几段中总结了这位哲学女神的建议，当然这些其实都是来自波爱修斯的建议。

第一，这个世界上的确存在“命运”之类的东西，请接受这一点。在波爱修斯的年代，人们喜欢将这些因素归到“幸运女神”的身上。这位“女神”会不停地转动自己的“幸运之轮”，而人生的高潮和低谷则会随着幸运之轮的转动而交替出现。谁如果想要参与这场游戏，并期待着来到人生的高潮，那他也必须要接受自己今后必将重回低谷的现实。如果你此时正处于人生的上升或下降期，请不要对此太过在意，因为这一切还会继续循环往复。

第二，拥有的、珍视的、热爱的一切，包括你的健康，以及你的爱人、孩子、朋友、房屋、财产、故乡、名誉、地位等，都会随时光而消逝。所以，请不要过于执着地追求这些。你应当保持轻松的心态，如果命运将这些赐予了你，那你应当为此而开心，但请时刻记住一点：彩云易散琉璃脆，一切都是暂时的。正确的心态是：将这些都看成是他人借给你，并随时可能要还回去的东西。最迟在你去世的时候，这一切就会被收回。

第三，如果你像波爱修斯一样失去了很多，乃至一切，那么你也应当意识到，在自己的人生中，积极的元素还是占据了上风（否则你便无法在此时诉苦了）。此外，你还要明白一点：人生中的甜蜜总会包含在苦痛之中，怨天尤人是不可取的。

第四，你唯一不会失去的正是自己的思想，即你的思维工具，你解读厄运、损失和打击的方式，我们也可以将其称为"精神堡垒"，这座堡垒是一块永远也无法被攻占的自由高地。

以上内容，你肯定曾经听说过或读到过，即使对波爱修斯而言，这些也算不上什么新见解。上面提到的都是斯多葛学派的核心思想。斯多葛学派是一个古老却极度实用的生活哲学流派，它起源于公元前 4 世纪（波爱修斯生前 1000 年）的雅典，并于公元 2 世纪在罗马经历了自己的辉煌时期。斯多葛学派的代表人物有塞内卡（一位大富豪）、爱比克泰德（曾身为奴隶），以及罗马帝国皇帝马克·奥勒留。令人惊奇的是，时至今日，斯多葛学派居然是唯一一个能为日常问题提供解决方案的哲学分支。其他哲学流派或哲学分支虽然能够激发人们的才智，却对克服日常生活中的困难鲜有帮助。

在基督教开始为欧洲人的精神提供庇护，并将个人生活的责任委托给"上帝"这个虚幻形象之前，波爱修斯曾是最后的斯多葛学派成员之一。基督教的雾气直到1000年后才逐渐散去，但即便到了启蒙思想蒸蒸日上的时代，斯多葛学派也依旧在存活和消亡之间苦苦挣扎。直至今日，它仍是一种隐秘的思想。然而，斯多葛学派的精神却依旧在不同的地方发光发亮，比如大屠杀幸存者维克多·弗兰克尔就曾经写道："人类的终极自由，便是选择自己态度的自由。"这便是之前提到的精神堡垒。还有我们在第27章认识的战斗机驾驶员斯托克代尔——一位经历了七年半战俘时光，被关了四年单人牢房的战士。尽管如此，总体来看，斯多葛学派对于今天的人而言却已显得陌生。谁如果在今天提到"命运"二字，那他指的肯定不是"幸运女神的轮盘"，而是"体制性故障"。失业、饥饿、战争、疾病，乃至死亡……人们会将一切罪责都归结到偶尔失灵的体制上。

然而这种想法是错误的。恰恰因为命运的打击——至少在我们的生活环境中——已经越来越少，所以它带给我们的情绪冲击会更加猛烈。此外，这个世界越复杂，相互关联的程度越高，就越有可能产生全新的、完全无法预知的命运打击。总之，在当今的时代，投资打造属于自己的思维工具箱，在思想上做好迎接损失的准备，比过去任何时候都更加重要。

要想经历命运的打击，你并不需要成为波爱修斯，也不需要成为第三帝国中的犹太人，更不需要成为叙利亚内战中的平民。互联网上的一阵批评浪潮便可以将你拉下马；一次全球金融危机也能将你的积蓄洗劫一空；你的爱人与脸书上的朋友情投意合，然后将你扫地出门……这一切都很糟糕，却都不致命。你反正都已经挺过了一生中最大的命运打击：想想自己的出生是多么不可能的一件事吧，想想为了能让你来到这个世界，你的母亲、祖母、祖母的祖母等人曾忍受了数千次痛苦的分娩（她们中的一些人会因此失血而死）。此时的你，难道还应当抱怨自己的股票总值减少了 50% 吗？

我们的世界，正是由那些会偶尔打乱我们生活的风波和意外构成的。你无法从自己的地位、豪车、银行账户或社会成就中寻找到快乐，正如波爱修斯所经历的那样，这些东西随时可能会离你而去，而精神堡垒才是我们获得快乐的源泉。所以，你应当为自己的精神堡垒投资，而不是把钱花在收集保时捷名车上。

32 嫉妒
魔镜，魔镜

美国作家戈尔·维达尔曾在接受采访时承认："只要身边的朋友小有成就，我就会觉得自己仿佛少了点儿什么。"维达尔说出了那个人人都会偶尔遇到，却没人愿意承认的情绪，也是所有情绪中最无价值、最无用处、最具毒性的情绪——嫉妒。

嫉妒毫无意义，这绝非全新的观点。早在古希腊时期，哲学家就曾警告人们对此加以防范。随后，《圣经》也在大量的故事中，尤其是在该隐和亚伯的寓言中为我们展示了嫉妒的破坏力。此外，《白雪公主》这部以罪恶为题材的童话，同样为我们讲述了一个由嫉妒引发的经典故事。

诺贝尔奖得主伯特兰·罗素认为，嫉妒是引发不幸的主要原因之一。与肉体痛苦和经济损失相比，嫉妒对生活满意度的影响更甚，而管理嫉妒的能力则是美好生活的根基。一旦掌握了这项技能，你便取得了一项重要的成就。然而不幸的是，我们面对的是一个自然进化现象，此时我们很难以智取胜。

嫉妒不仅仅是人类的情感，它同样属于动物的本能。灵长类研究人员弗兰斯·德瓦尔和莎拉·布鲁斯南曾用黄瓜来激励两只僧帽猴完成一些简单的任务。起初，猴子似乎很满意，感激地接过了食物。然而第二次，研究员继续用黄瓜来奖励一只僧帽猴，却用甜葡萄来犒劳另一只。结果第一只猴子看到了同伴的待遇，出于嫉妒，它将黄瓜扔出了笼子，并拒绝继续合作。

这便是嫉妒的有趣之处：我们越是拿自己和别人比较，就越容易产生嫉妒之心。我们尤其容易嫉妒那些在年龄、职业、生活方式和生活环境等方面与我们相仿的人。网球大师会拿自己和其他网球大师比，高管会拿自己和其他高管比，作家会拿自己和其他作家比。你没有拿自己和教皇做比较，所以你不会嫉妒他。同理，亚历山大大帝、来自石器时代的超级能人、外星人、气势磅礴的大白鲨，或者一棵巨型红杉树也都不会被我们嫉妒。尽管这些都是伟大的生物，可它们中却没有一个是合适的嫉妒对象。

这么看来，其实我们也找到了应对嫉妒的办法：只要不拿自己和别人相比，嫉妒便会从你的生活中消失。严格避免一切比较，是应对嫉妒的黄金法则。

说起来容易做起来难。有时候，别人会将比较强加给你。例如，根据法律规定，加州大学要公开所有科研人员的薪水，这使得科研人员可以在网上看到其他同事的收入。同之前没有比较的时光相比，那些处于平均线之下的研究员，其工作的满意度肯定要打折扣。换句话说，信息透明已经破坏了幸福。

相比之下，社交媒体为我们提供的“对比试验场”则要大得多，简直可以用宏伟来形容。众所周知，脸书让许多用户感到沮丧和疲惫。在洪堡大学的一项研究中，研究人员尝试找出其中的原因。排在第一位的是什么？你猜对了：嫉妒！这很好理解，因为脸书设计之初便是为了方便同类人互相比较，所以它也注定会成为滋生怨恨的完美温床。我的建议是：请对社交媒体退避三舍。所有那些愚蠢的统计数据（比如点赞数、粉丝数、好友数等）都会催生过度比较，而这会令我们不开心。此外，那些上传到网上的图片其实与推主的正常生活没有任何关系。这些被精心策划的图片会给你留下错误印象，让你觉得身边的朋友过得都比自己强。

人们从未像今天这样，将自己同这么多人对比。互联网已经把嫉妒变成了现代的流行病。因此，在退出社交媒体之后，你同样也要在现实中控制与他人进行比较的冲动。例如，你应当避开同学聚会，除非你在收入、地位、健康、家庭等方面都是优胜者。至于是不是，去了就知道。你不会是优胜者，这就是你不应该去的原因。

在为自己选择居住地、城市、小区的时候，请考虑自己能否算得上是“当地精英”。同样的道理也适用于与同龄人的交友之道。除非你也很富有，否则不要加入一个满是百万富翁的扶轮社，也许参加消防服务活动会让你更有归属感，而且你还能同时做些有意义的事情。

然而，让自己意识到第 11 章中提到的专注点幻觉才是最重要的。假设你正在嫉妒你的邻居，只因为他继承了一辆闪闪发光的银色保时捷 911。这辆邻居口中的“银色小猫”，此时正一尘不染地停在你客厅的窗下。每一次引擎启动的声音，都会像把小刀子一样刺进你的心脏。然而，这纯粹是由于你将目光放在了错误的事情上。一旦将自己的生活同邻居的生活进行比较，你便会不由自主地将注意力集中在那些有差异的方面，比如他的保时捷 911 和你的大众高尔夫。此时，你便高估了汽车对生活满意度的影响力。你相信邻居过得比你快乐得多，但客观来看，汽车对整体幸福的影响力就算有，也会非常小。如果你能意识到这种专注点幻觉，那么拔出这些嫉妒的刀子就会容易很多。你嫉妒的事情远没有你想象的那么重要。

如果这些方法都不奏效，嫉妒之火依旧在你的心中熊熊燃烧，那你就必须要拿起灭火的水龙头了——针对自己的嫉妒对象，你可以找出他们生活中最糟糕的方面，想想他们正如何在自己的麻烦中苦苦挣扎，这时你马上就会开心很多。诚然，这不是一个非常高尚的解决方案，但在紧急情况下不妨一试。

如果你的生活碰巧是特别令人羡慕的，那么请保持谦虚，这是你为世界做出的贡献。谦虚的你，会让他人少经受一些嫉妒的折磨，并让世间少一分苦难。正如人们所说，成功之后最大的挑战就是保持沉默。如果你有什么值得骄傲的事，那就在心里默默为之骄傲吧。

在你的社区、社交圈或工作领域中，总会有一些人比你过得更好。请接受这个现实，并将“嫉妒”二字从情绪的字典中删除，越快越好！

33 治病不如防病
避免让问题出现，胜过动手解决问题

阅读本章之前，请先花点时间回答以下问题：什么是智慧？

你头脑中会浮现出那些传说中的智慧老人、写的书可以装满一个小图书馆的教授、过着简单生活的原住民、瑞士阿尔卑斯山的牧民，或者生活在亚马孙三角洲的那些朴素的渔民；你脑海中的形象，也可能是一位在山顶上盘腿冥想的隐士。

想得已经够多了，我们还是回到问题上吧：智慧是什么？那些能在电视答题类节目中，当场说出所有欧洲歌唱大赛获胜者的名字和星座的人，看上去像个睿智的人，但实际上却很可能不是，否则，他们就不会用这些垃圾信息填满自己的脑袋了。即便是那些正处于能力圈核心位置的人（见第 14 章），即便他们掌握了很多专业知识，也未必一定是智者，因为智慧并不等同于知识的积累。

智慧是一种实战技能，智慧能衡量我们领航人生的水平究竟有多高。谁如果能意识到，规避困难几乎总会比解决困难要容易很多，那他也一定能明白这条简单的定义：智慧就是预防措施。

事实上，生活是艰难的。问题会像雨点般从四面八方落下，命运会在前方给你挖坑，并为你的人生道路设置障碍。你不能改变这一点，但如果你知道危险潜伏在哪里，便可以采取预防措施，避开这些障碍。对此，爱因斯坦说：“聪明的人会解决一个问题，睿智的人则会避免让问题发生。”

问题是，避免问题的发生本身并不性感。想象一下，假如有 A 和 B 两部电影，在电影 A 中，一艘船撞到了冰山上。船沉之前，船长以英雄般的、奋不顾身的、令人动容的姿态，解救了所有快要溺死的乘客。直到船消失于旋涡和泡沫之前的那一瞬间，他才最后一个离开了船，爬上了救生艇。在电影 B 中，船长驾驶着船绕过冰山，与冰山保持着合理的距离。哪一部电影更值得让你去电影院看？当然是 A，合情合理。但如果你正是船上的乘客呢，你更喜欢哪一种情况？当然，肯定是 B。

假设这个例子是真实的，那接下来会发生什么？ A 船长会被邀请参加脱口秀节目，还会获得一张出书的“肥约”。他会挂起船长帽，以“励志演说家”的身份穿梭在客户交流活动以及大企业的领导会议中。他的家乡会以他的名字命名一条街道，他的孩子也会头一次为父亲感到自豪。而另一端的B船长则依旧在驾驶时远远地躲开各种障碍，几十年如一日，直到退休。他坚持查理·芒格的格言：“如果前方有一个危险的旋涡，那我会在距离它500英尺（152.4米）的时候便躲开它，而不是在距离20英尺（6.1米）的时候。”尽管B船长明显是更好的船长，但A船长却是获得赞誉的那一个，因为通过预防而获得成功（成功规避失败）并不为外界所见。

金融媒体最喜欢那些能力挽狂澜的经理，这本身不难理解，但媒体更应该赞赏的却本该是那些能避免让公司陷入绝境的经理。然而，由于预防性成功在表面上无法被看到，所以这类成就总是能“躲过”媒体的雷达。事实上，只有经理本人以及他的团队才能意识到他的行为是多么睿智，而且他们对此的认知也是有限的。

因此，我们经常过分强调成功的将军、政治家、急救医生和治疗专家的作用，然而在面对能帮助社会和个体免于灾难的人时，我们却低估了他们的作用，比如那些杰出的家庭医生、优秀的教师、理智的立法者、老练的外交官等。实际上，他们才是真正的英雄、真正的智者。

我们的个人生活也是如此吗？你也许并不相信，在你取得的成就中，至少有一半都是预防性的成就。你当然也会犯错，就像我们所有人一样，但更多时候，你还是成功避免了那些愚蠢的错误。想想你曾经借助自己的先见之明，在健康、职业、财务和感情方面避开过多少危险吧。

预防并非可有可无。美国对冲基金经理霍华德·马克斯在其著作《投资最重要的事》中讲述了一个赌徒的故事："有一天，一位赌徒听说了一场只有一匹马参加的比赛，于是他将全部家当都投了进去。这次下注看似万无一失，然而赛马却在跑到一半的时候跳过栅栏逃走了。"这个错误被亨利·基辛格称为"缺乏想象力"。预防需要的不仅仅是知识，更需要想象力，然而"想象"这个词却经常被误读。很多人认为，想象就是手捧一杯红酒，让思绪如溪水般潺潺流过脑海。遗憾的是，这样的"想象"只能捕获早已存在的想法。想象意味着强迫自己绞尽脑汁去思考各种可能性和后果，直到榨干思维的最后一滴水为止。没错，想象是一项艰苦的工作。

也许你此时觉得，假如我们真的想象到了严重的问题，那我们此时会不会很心累？我们真的要一直惦记着那些可能的灾难吗？这难道不会令人意志消沉？经验告诉我们：不会的。查理·芒格曾说："在我的一生之中，我一直都在设想各种困难……我会预见困难，并在困难真的出现时拿出合适的应对方案，而这一切绝不会夺走我的快乐。"

我的建议是：每周花 15 分钟时间，集中精力思考潜藏在生活中的那些灾难性风险，而在其余的时光中，你应当将这一切都忘掉，继续快乐地、无忧无虑地生活。具体来说，你在这 15 分钟之内完成了“预验”的过程。比如你可以想象一下，自己的婚姻宣告破裂，自己突然破产，或者突然患上了心脏病，然后再回过头来分析一下，是哪些原因导致了这个（假想的）灾难，一直分析到最根本的原因为止。你要做的最后一件事，则是排除那些可能的原因，避免让灾难真的发生。

当然，即便你能够以认真的态度定期践行本章的建议，你也仍然会忽视一些危险，做出错误的决定。通过面对现实，迅速着手解决问题，你可以降低这些不可避免的灾难所带来的损失。但就可预见的困难而言，预防显然比解决更加容易。预防是一种智慧，它是无形的，所以你不能炫耀它，但你终会明白，对于美好生活而言，炫耀毫无益处。

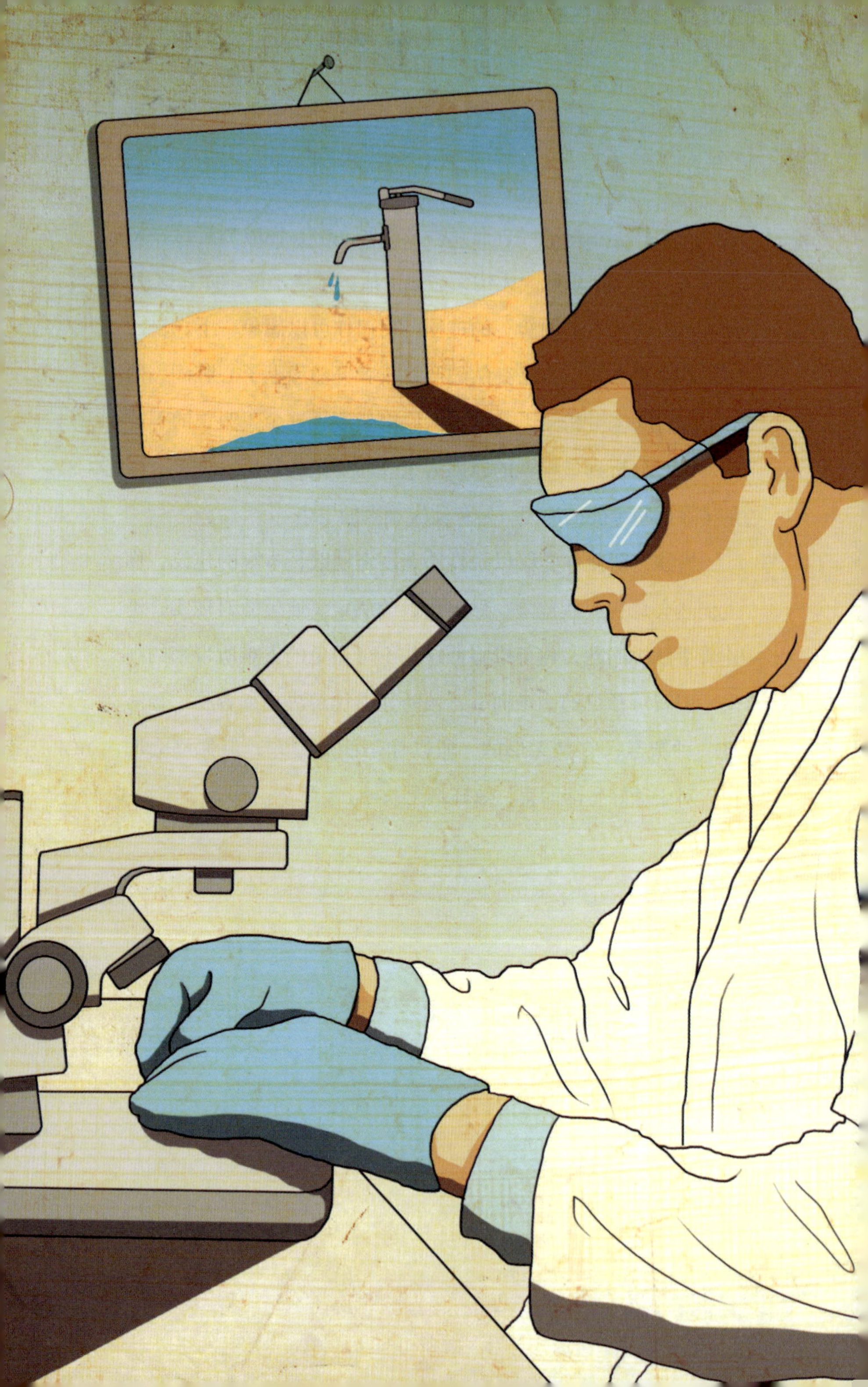

34 心中的救济工作

为什么你不应当为世界的现状负责

在叙利亚，战斗机故意将目标对准医院和救援车队。极端组织“伊斯兰国”的暴徒在众目睽睽之下将人斩首。在利比亚，人贩子团伙奴役着男人、女人和孩子，一旦这些人的价值被压榨殆尽，团伙成员就会用橡皮艇将他们送到地中海上，其中一半的人因此溺水而亡。在东非，一场接一场的饥荒使数百万人丧命。在世界各地，很多婴儿生来就患有艾滋病，他们注定要经历短暂而痛苦的一生。与此同时，家庭暴力在无数紧闭的房门后肆虐。这个世界充满了暴行，而你却正在读一本关于美好生活的书。这么做真的好吗？

哪怕是有一丝同情心的人，在看到这些灾难时都会愤愤不平。然而，很少有人会考虑如何应对自己的愤怒。每一个故事都在呼唤我们的帮助。我们想要即刻带上大量的水赶往埃塞俄比亚，并亲手将水送给那些快要渴死的人。但下一秒，我们又会想到自己的孩子还没有做完家庭作业，淋浴头中的水垢还需清除，而且黄油也已经吃完了。

然而，我们的确在被世间的不公困扰。对此，我们需要拿出应对策略，即那些帮助我们直面世间灾难，避免内心失衡的思维工具。对此，我有以下五条建议。

第一，除非你是奥古斯都大帝、查理大帝或约翰·肯尼迪，否则你能亲手办到的事情十分有限。请牢记这一点：绝大多数人为的灾难，比如冲突、战争或恐怖主义，都会比表面上看到的要复杂得多。所以，没有人能预见到事件的进程，这造成了事件持续的时间总会比预期的要长。就算你不是军事领导学的博士，你也肯定能明白，绝大多数冲突都不可能通过纯粹的军事手段来解决。在西方大国军事干预之前，几乎所有利比亚人和伊拉克人的日子都过得更好，西方的干预成了一种意外的副作用。假如你是美国总统，即便拥有全世界最强的智库，也同样会在绝大多时候高估自己，犯下错误并惹火上身，这并非因为你缺乏同情心、力量或智慧，而是因为冲突的复杂性会不断升级。即使是像世界经济论坛这样宣称能让世界“变得更美好”的组织，到目前为止也没能践行自己的使命。尽管与富人和权贵建立了诸多密切的关系，但从客观上来看，世界经济论坛自成立以来就没有取得多少成就。所以，不要高估自己，你不能靠一己之力解决某个危机。如果你认为自己想出了一个能结束战争的妙招，那么请三思。也许，某个比你更了解情况，专门研究此类问题的内行，在很久之前就已经用充分的理由否定了你的方案，这种可能性非常大。

第二，如果你想帮忙减少地球上的苦难，那就捐钱吧。捐钱，而不是捐时间。除非你是一名专业的急诊医生、拆弹专家或外交官，否则不要前往纷争地带。许多人爱上了当义工这样荒唐的事，他们相信志愿工作是有意义的。事实上，志愿工作是在浪费你的价值。只有将时间投入在自己的能力圈内（见第 14 章），你付出的时间才有意义，因为在这个领域中，你每天创造的价值是最高的。如果你去撒哈拉地区安装水泵，那么你花费的零头就足够支撑当地钻井工完成这项工作了，此外你还抢了他们的饭碗。假设作为一个志愿者，你可以每天挖一口井，而此时如果你坐在办公室里工作，用赚来的钱雇用当地的钻井工打井，那每天都会有 100 口新井出现。当然，志愿活动能为我们带来好心情，但这并不应该成为决定性因素。做完好事之后那种暖心的感觉，其实是一个思维陷阱，因为当地的一流专家（如无国界医生、红十字会、联合国儿童基金会等）能够让你付出的金钱发挥更大的力量。所以你应该做的是努力工作，然后把你的钱交到专业人士的手中。

第三，大幅度降低自己对新闻的关注度，特别是在人道主义危机发生的时候。坐在电视机前，看着灾难的画面，让自己为遭受苦难的人心碎，这么做一点儿用也没有，对受害者和你本人都没有任何帮助。对全球悲剧的“关注”只不过是在满足自己的“窥私癖”罢了。“积极了解情况”可能给你带来一种“博爱”的感觉，但事实上，这对自己和受害者而言都是一种欺骗。如果你真的想了解一场冲突、战争或灾难，最好还是去读一本书，即便这本书在事发后一年才会出版。总之，除了通过捐赠以外，你根本无法为扭转局面做出任何贡献。

第四，你可以假设宇宙中充满了生命，而类似的危机、灾难和苦难，同样会在其他无数的星球上蔓延。这种设想会帮助我们对灾难保持一定的距离。换句话说，邪恶无处不在，它是一种普遍现象，是不可能被消灭的。由于你的个人资源有限，所以你必须要集中精力，选择两三个救援组织，并通过慷慨的捐赠来帮助它们。而其他那些发生在自己城市、国家、星球，乃至别的星球上的暴行，你则只能坚忍地接受。

第五，你不应当对世界的现状负责。这听起来残酷无情，但却是事实。诺贝尔物理学奖得主理查德·费曼曾经从才华横溢的数学家，同时也是“计算机之父”的约翰·冯·诺伊曼那里听到过这个观念：“冯·诺伊曼告诉我，你不需要对你所处的世界负责。因此，我便有了一种‘社会失责感’。打这以后，我的生活一直都很快乐。”费曼所说的“社会失责感”指的是：如果你专注于自己的工作，而不是在非洲建医院，那你并不用为此感到内疚。如果你的处境比阿勒颇的炸弹受害者要好，那你也没必要内疚，因为这都是命运之神的安排。你应当让自己过上内容丰富的体面生活，并避免成为一个野蛮人。如果能做到这一点，那你便已经为建设更美好的世界做出了几分贡献。

你需要找到合适的策略，来帮助自己面对世间的苦难。你的策略未必是我推荐过的那些，重要的是，你一定要将属于自己的策略准备好，否则生活对你而言就会很艰难，因为你会为那些“还可以做的事”而反复纠结，并感到内心有愧。谁如果心中承受了这样的压力，那他必将一事无成。

35 专注力陷阱
如何对待自己最宝贵的资源

假设你此时正在餐厅里用餐：当你用目光扫视着菜单，在餐厅推荐的“惊喜试吃套餐”和单点每一道菜之间纠结时，你很快便会发现，每一个开胃菜加主菜的组合，都比已经包含了红酒的“惊喜试吃套餐”要贵，所以你选择了试吃套餐。“不错的选择，”侍者微微一笑，“大多数人点的都是这个。”

试吃菜品一轮接一轮地被端上了桌——餐前开胃菜、四种鹅肝酱、芦笋腌鲑鱼、巧克力草莓萨伐仑松饼、鹿肉、无花果芥末奶酪盘、韭菜干酪馅的意大利蛋饺、解腻柠檬冰糕，然后是鸭胸肉、茄子面团和牛胰丸子，各种食物层出不穷，各种红酒随机搭配。大约20轮之后，你就可以结账了。你从没一口气吃下过这么多东西，也从没吃得这么杂、这么恶心过。

再来体验一顿真实的晚餐吧：晚餐的菜肴遵从了传统的烹饪风格，却十分精致。来用餐的客人都是亿万富翁，包括巴菲特和比尔·盖茨。盖茨曾在席间询问众人，他们之所以能取得今天的成就，最主要的因素是什么。巴菲特的回答是“专注”，而盖茨本人的答案也是“专注”。显然，“专注”在他们的成功之路上扮演了重要的角色。如果要用德语表达，那我们可能就得用一些老套的词语来翻译了，比如“aufmerksamkeit”（注意力）。你的注意力放在了哪里，对你的人生而言同样至关重要。然而值得警惕的是，我们并没有将焦点放在“自选菜品”上，而是从早到晚都在大快朵颐地品尝其他人早已为我们选择好的“信息试吃套餐”。电子邮件、脸书更新、短信、推特、定制快讯、全球新闻、文档中的超链接、网站上的视频剪辑，以及机场、火车站和有轨电车里那些吸引眼球的屏幕……这些元素都在努力争夺着我们的注意力。我们不断地被有时无聊、有时精彩的故事娱乐着。媒体会向我们推荐各种东西，会向我们示好，并恭维我们。所以，我们觉得自己有点像国王，但实际上，我们更应该觉得自己是被控制的奴隶。

所有这一切是赃物，而非礼物；是损失，而非利润；是掠夺，而非赠予。无论一个Instagram（照片墙）的推送设计得多么漂亮，它都是一种掠夺，头条新闻是一种掠夺，电子邮件

（在大多数情况下）也是一种掠夺，因为在关注它们的时候，我们必须要付出专注力、时间，甚至金钱。

专注力、时间和金钱，这三者对我们而言是最重要的资源。我们对后两种更加熟悉。时间和金钱甚至已经拥有了属于自己的学科，在学科内，它们被称作“工作”和“资本”。然而，尽管专注力在这三种资源中价值最高，对我们的成功和幸福而言也最为重要，但我们对其却了解甚少。遗憾的是，一旦涉及专注力，我们总会不可避免地犯错误。要想避免这种错误，下面几条建议尤为重要。

第一，不要将新事物和重要的事物混为一谈。无论是产品、观点还是新闻，每一个新事物都想赢得我们的关注。世间越是喧嚣，它们就会叫得越响，只为让人们都能听到它们的声音。然而，你不应该把这种声音太当回事儿。绝大多数被誉为具有突破性的成果，其实都平淡无奇。我们很容易将那些聒噪的“新闻”当成真相，然而事实却并非如此。

第二，请避开免费的信息或技术，因为这些都是由广告资助的专注力陷阱。既然如此，你为什么要故意让自己掉进陷阱呢？

第三，与多媒体有关的一切，你都应当远远避开。图像、动态图片以及未来的虚拟现实技术会令你的情绪运转陷入超速状态，而这则会对你的决策质量造成严重影响。你最好通过文字的形式来接收信息，并且文档中的超链接要尽可能少。因此，书籍是最理想的信息媒介。

第四，你必须意识到专注力是不可分割的，这一点与时间和金钱不同。你在用手机刷脸书时花费的专注力，本应属于坐在你对面的那个人。

第五，在与信息打交道的过程中，你应当占据主动，而不是处于弱势地位。如果他人将某件事贸然地摆在你的眼前，你就会自动处于一种弱势地位。为什么要由一个广告商、记者，或脸书上的好友来决定你的专注点呢？一段保时捷的广告、一则关于特朗普最新推文的报道，或者一个逗人一乐的狗狗视频，很可能既不会让你取得进步，也不能为你带来快乐。即使没有 Instagram 账号，哲学家爱比克泰德在 2000 年前也能得出下面的结论："如果有人将你身体的支配权随意交给了别人，那你定会被他激怒。然而在将自己的情绪随意交给陌生人支配的时候，你难道不会为此而感到担忧吗？"

不幸的是，我们的大脑在进化的过程中，已经习惯了对哪怕最微小的变化做出回应，比如这儿有一只蜘蛛，那儿有一条蛇。在原始时期，这种亢奋对于我们的生存而言至关重要，但如今，亢奋却令我们在面对各种刺激的交叉火力时显得难以招架。正确应对当代媒体，既不是与生俱来的本事，也不是通过随便上上网就能掌握的技能。因此，正如科技界的传奇记者凯文·凯利所说，我们必须要有意识地学习这项技能。你是如何学习阅读和算术的？是靠和那些懂阅读和算术的人一起出去玩？不，你需要花费数年的时间，下意识地练习这些技巧。而现在的你，则需要同样的高强度训练，才能学会如何与信息、互联网和新闻打交道。“专注力”是一项需要学习的技能。

再来从专注力和幸福的角度分析一下吧。这二者有什么关系？息息相关！保罗·多兰曾写道：“幸福取决于如何分配自己的专注力。”生活中的一场意外，无论是积极的还是消极的，都可能会或多或少地影响你的心情，但也可能会对你的幸福感毫无影响，具体如何，则完全取决于你对其投入了多大的关注。

无论你此时身处何方——你的关注点在哪里，你的生活就在哪里——每个瞬间都只会出现一次，谁能有意识地调动自己的专注力，谁就能从生活中得到更多。在摄入信息时，你要像对待食物和药物一样挑剔、严格、谨慎。

36 读书要减量加次

我们阅读的方式是错误的

瑞士铁路的联票上有六个小方格，每次乘车前，你都要将票插进一个橘黄色的打卡机，这台机器会在其中一个格子里打印出你乘车的日期和时间，并在车票的左侧打下一个小小的缺口。一旦六个方格都印上了字，这张票也就作废了。

想象一下，假如你有一张读书票，票面上有50个小方格，操作方法相同：每次读一本书前，你都要用掉一个小方格，但与车票不同的是，你一生只能有一张读书票，不能再买，一旦这张票用完了，你就不能再翻开任何一本书了。坐车尚可能逃票，然而在看书这件事上，你却没有作弊的机会。对于很多人来说，一生只读50本书简直不可思议，而对于正在读本书的你而言，这个设想也同样会令你不安。我们怎么能只读这么少的书，然后以一种半开化的状态走完一生呢？

我的私人图书馆有3000本藏书，其中1/3我曾经读过，还有1/3我只是读了几页，而剩下的我却一页都没读。每年都会有新书走进我的图书馆，而我每年也会整理并扔掉一部分旧书。安伯托·艾柯的图书馆里有3万本书，和这位已经去世的哲学家相比，我的藏书量并不算大。此外，我对藏书内容的印象也有些模糊了。每当我的目光扫过书架，之前的想法便如轻烟般升起，掺杂着朦胧的感受，一些孤立的场景则会在我眼前不时闪烁。有时候，书中的某一句话会像迷失在雾中的小舟一样，从我的脑海中静静漂过。我很少能对某一本书做出扎实紧凑的总结，有些书我甚至都不敢确定自己是否读过。我不得不翻开书，寻找里面褶皱的书页或页边的笔记。此时我真的不知道谁更应该对此感到羞愧，是本人千疮百孔的记忆，还是那一大堆魅力有限的书籍。令我略感宽慰的是，我的很多朋友的情况也差不多。不仅图书如此，散文、报道、分析类文章，以及其他任何我曾经欣赏过的读物，都只有很少一部分留在了我的记忆中，留下的那一点简直屈指可数。

如果书中的内容绝大多数都已被遗忘，那我们读这本书还有什么意义呢？诚然，作为一种经历，阅读的过程也很重要，这一点毋庸置疑。这种瞬时经历，就好比吃上一杯焦糖布丁，但我们总不能指望用焦糖布丁来塑造食客的人格吧。话说回来，我们对书中的内容记忆如此模糊，究竟是为什么呢？

我们读书的方式是错的。我们的选择太过宽泛，而我们的阅读则不够彻底。我们任凭自己的专注力四处游荡。专注力此时好比是一只朝我们跑来的小狗，我们只是随意地将它打发走，却没有让它去追逐那些珍贵的猎物。

和两三年前相比，我现在的读书方式又有了一些变化。我虽然还是读了这么多内容，但书的数量却变少了。因此，我读的书质量更高，而且我可以将书读上两遍。我在挑书的时候极为严苛，最多只会在一本书上花十分钟时间，然后便会做出决断：读还是不读。读书票会让我坚持自己的苛刻。现在手里捧着的这本书，究竟值不值得让我花费读书票上的一个小方格？事实上，只有极少数的书才值得，而这些书，我则会读上两遍，而且是读完第一遍后马上再读一遍。这已经成为我的原则。

一本书读两遍？为什么不呢？听音乐的时候，我们已经习惯了一首曲子听好多遍。此外，谁如果演奏过乐器，那他一定知道，只靠对着谱子练上一遍，是不可能掌握整首曲子的。在急着翻开下一首之前，你必须要先全神贯注地将这首曲子练上很多次；读书也未尝不是如此。

一本书读两遍的效果，绝非读一遍的两倍，而是会远远高于这个比例。依照我的经验，书读两遍，其效果会翻十倍。某一本书，如果我看完一遍能记住 3% 的内容，那么看完第二遍后我便能记住 30%。

在放慢节奏、全神贯注地阅读时，汲取的信息量竟会如此之大；在第二遍阅读时，居然能发现那么多新内容；阅读的时候仔细思考，竟会对加深理解有那么大的帮助，这些效果总会令我感到惊奇。1867 年，陀思妥耶夫斯基在巴塞尔观察了荷尔拜因的画作《墓中基督》，他被画作吸引得如此之深，他的妻子不得不在半小时后将其拽走。两年后，在自己的小说《白痴》中，陀思妥耶夫斯基对这幅画作的描写简直如照片般逼真。假如他当时只是通过手中的 iPhone 和这幅画打了个照面，那他的描写还能如此逼真吗？肯定很难。要想借助《墓中基督》完成自己的创作，这位伟大的小说家必须先要让自己沉浸其中。这里的关键词是“沉浸”，而它的反义词则是“浏览”。

这里再细讲几点。

第一，效果。我们应该用这个听起来有些技术化的词语，来对书籍阅读做出评判吗？答案是肯定的，因为有效阅读是以应用为导向的阅读，而非追逐浪漫的阅读。你可以将这份浪漫留给其他事情。无论是因为书不好，还是因为我们没有好好读它，只要这本书没有在我们的脑海中留下什么印记，那么这次阅读在我看来就是浪费时间。与焦糖布丁、阿尔卑斯山之旅以及男女之事相比，图书从性质上来看还是不一样的。

第二，侦探小说不应当出现在我们的读书票中，因为我们几乎不可能将它再读一遍。谁又愿意再次邂逅一个已经熟知的杀人犯呢？

第三，你必须要决定属于自己的那张读书票上应当有多少个小方格。我为未来十年留出了 100 个小方格，平均下来就是一年读十本书。对于一名作家而言，这个数字少得令人发指，然而就像之前所说的那样，我会将一本优秀的书读上两遍，甚至三遍，这样我便会在获得享受的同时，拥有十倍的读书效果。

第四，如果你还年轻（我们暂且将“年轻”定义为“阅读生涯”的前 1/3），那你此时应该做的就是吞下尽可能多的书。无论是长篇小说、短篇小说、诗歌，还是各式各样的通俗类书籍，你都应当混搭着读，不必考虑作品质量，读到满腹经纶为止。因为这与一个数学层面的最优解相关，也就是“秘书问题”（见第 48 章）。该现象最初涉及的是从一大拨应聘者中挑选秘书的情况，挑选的方法是：通过先面试 37% 的应聘者并将他们全都拒绝，来获得针对应聘者群体的总体印象。通过这种选材宽泛的阅读，或者用统计学的话说，通过在阅读生涯的前 1/3 了解足够多的样本，你将会对图书门类和流派有一个全局印象，你评价的眼光也会因此变得尖锐，而这会方便你在将来以极为严苛的标准挑选读物。请在进入不惑之年的时候再为自己准备这张读书票，并严格地遵守使用规则，因为 40 岁之后的人生，对于低级读物而言实在是太短暂了。

37 教条的陷阱

为什么理论家总会把事情想得太简单

拉锁的工作原理是什么？请评估一下自己对此的了解：用0至10之间的数字，0代表完全不了解，10代表精通。请先把这个数字记下来，然后再花几分钟时间，拿一张白纸，将拉锁的构造画出来。你会如何为一个从来没见过拉锁的人解释其原理？请将你的解释用关键词记在纸上。完成了吗？现在再来衡量一下自己关于拉锁的知识吧，还是用0至10之间的数字。

耶鲁大学的研究员列昂尼德·罗森布利特和弗兰克·凯尔曾对上百人提出过类似的简单问题：抽水马桶是如何工作的？电池的原理是什么？调查的结果总是如出一辙：我们相信自己

对一些事情相对了解，直到不得不解释其原理的时候，我们才会意识到，自己的知识其实漏洞百出。在这一点上，你应该也是如此。你以为自己知道的比你实际知道的多，这个现象叫作“知识幻觉”。

如果我们在拉锁或抽水马桶之类的小东西上都经不住考验，那在面对真正的大问题时，我们会有多愚昧呢？请问问自己：移民的比例多高，才能令社会长期受益？我们是否应当允许推广基因治疗技术？个人拥有武器会让社会更安全吗？

有趣的是，恰恰在面对这些大问题时，我们的回答会像子弹一般射出。然而我们应当诚实一点：我们并没有对这些问题深思熟虑，甚至都没有进行初步思考。社会问题比拉锁、马桶和电池复杂多了，原因在于，同按下马桶的冲水按钮相比，干预社会结构引发的后果要复杂得多，仅仅考虑到最初产生的后果是不够的，我们还需要判断后果的后果的后果。我们需要几天、几周，甚至几个月的时间，才能针对后果的链式反应进行深入思考。而谁又愿意花费时间和心思去做这些事呢？

所以，我们就愉快地抄了近路。在这件事上，我们选择了一种非典型的行为方式：我们既没有读书，也没有咨询专家的意见，我们的观点来自那些与自己志趣相投的群体。这个群体可能是某个党派、职业群体、社会阶层、体育俱乐部或街头帮派。我们的知识绝不像自己期待的那样客观。在《知识的错觉》一书中，史蒂文·斯洛曼和菲利普·费恩巴赫将其称为“群体知识”。我们喜欢将自己当成自由的思想者，然而事实上我们并不是。我们对待自己观点的态度，和对待穿着的态度没什么差别。时下流行什么，我们就穿什么，或者更具体点儿说：群体里的成员穿什么，我们就穿什么。

一旦这种“团体意见”不再局限于单个领域，而是组成了完整的世界观，那么情况就很可怕了。人们将其称作“观念形态”。观念形态是彻头彻尾的团体意见，它会以批量的形式为我们提供观点。

观念形态是极度危险的，它会像强电流一般穿过我们的大脑，使我们做出任何轻率的举动，并将头脑中所有的保险丝全都烧断。比如欧洲的一些年轻人在完成了学业之后，居然会宣誓效忠极端组织“伊斯兰国”，并为中世纪伊斯兰教义的复兴而战。

你要做的是不惜一切代价，避开各种观念形态和教条主义，特别是当它已经赢得了你的好感时。观念形态会缩小你看世界的视角，并让你做出可怕的决定，所以它注定是错的。我没听说过任何一个教条主义者能过上美好的，哪怕是接近美好的生活。

说到这里，一切都已清清楚楚，然而问题是很多人并不知道自己已经掉入观念形态的陷阱。我们应当如何识别观念形态呢？观念形态包含以下两个危险的信号：不容辩驳和混沌朦胧。

“不容辩驳”乍一看来算是个优势。谁不愿意依靠一套强大的理论，来让自己永远都保持正确呢？实际上，那些不容辩驳的理论并非无懈可击，相反，推翻这些理论是一件很容易的事。一旦发现某个人已经有了被教条主义感染的信号，那么你可以问他一下：“请告诉我，你在遇到哪一种特殊的情况时，才会放弃自己目前的世界观？”如果你并没有等到他的答复，那么请远离这个人。如果你觉得自己也已经离教条主义很近了，那么也可以用同样的问题来测试一下自己。

为了尽可能避免被攻破，观念形态会给自己披上朦胧的外衣。观念形态的这个特点，可以帮助你从很远之外的距离对其进行识别。举个例子：一直以来，神学家孔汉思都能够用清晰的话语来解释自己的看法，然而他对上帝的描述却是“位于万物心中、人类心中、人类历史中，以及世界之中的那个绝对与相对的、今生与来生的、至高无上又无处不在的、包罗万象又渗透一切的、最最真实的现实”。这真是一段能解释一切的、无懈可击的、被雾气完美笼罩的描述！

针对观念形态的胡话，语言本身就是一个很好的探测器。你要注意这一点，并同时注意自己的言辞。在表达某些内容时，请尝试使用自己的语言，而不是不假思索地照搬自己群组的措辞和观念。如果群组所指的“人民”只包括“社会的某个部分”，那你就不应该提到“人民”这个词。请避免使用口号和标语。

在公开发言的时候，请尤其谨慎。一旦你在公开场合支持了教条思想，那么这种思想在你脑海中扎的根就会更深，再想拔除它，已经是几乎不可能的事了。

你要主动为自己的观点寻找相反观点，比如依照第30章推荐的方法：假设自己被邀请到谈话节目中，而在场的其他五位嘉宾全都站在你的对立面。只有如此坚定地捍卫与自己相反的观点，你才值得拥有自己的观点。

独立思考，不要让自己成为过于忠实的群组成员。最关键的是，你要远远绕开各种教条。只有尽快明白自己对世间万物并不明白，我们才能更好地明白这个世界。

38 思维减法

如何才能感受到自己的幸福

《生活多美好》的故事发生在虚构的美国小城贝德福德福尔斯，主人公乔治·贝利想要在圣诞夜结束自己的生命。贝利是一家房屋信贷公司的经理，养育着四个孩子的完美已婚男人，却因为其叔叔的财务过失而面临破产。他站在桥上，正准备一跃而下，就在此时，一位老者突然落水，贝利立即从水中救起了他。上岸后，老者自称是天使。当然，贝利不会相信老者的话，他告诉这位天使，自己宁愿从没来到世间。此时，天使突然满足了贝利的愿望，让他目睹了没有他的贝德福德福尔斯会是何种悲惨的景象。回到现实世界之后，贝利从绝望的情绪中走了出来，并为自己依旧活着而感到欣喜若狂。在这座被大雪覆盖的小城中，贝利一边沿着大街狂奔，一边笑着高呼“圣诞快乐”。

这部1946年由詹姆斯·史都华主演的悲喜剧，早已成为一部经典的圣诞电影，然而电影中天使应用的思维工具却还没有成为经典。心理学家将这种思维方式称为“思维减法”。毫无疑问，思维减法绝对是打造美好生活的思维工具之一。我们最好现在就用一个简单的方式来试验一下：你现在的生活有多幸福？请用0至10之间的数字来评价，0代表极端悲惨，10代表非常幸福。先将这个数字写到书页的边缘，然后再开始读下一段的内容（只读到下一段结尾，不要再往下读），之后请闭上眼睛，将下一段中的指示付诸实践。

闭上眼睛，想象一下，你失去了右臂，你的右肩膀上仅仅挂着一小块残肢，此时的你会作何感受？仅剩一条胳膊的你，生活会变得多么艰难？你该如何吃饭，如何打字，如何骑车，如何拥抱别人？现在再想象一下，你此时又失去了左臂。已经没有双手的你，什么也拿不起，什么也碰不到，什么也抚摸不了，那你又会作何感受？第三轮想象：你还同时失去了视觉，虽然你还能听到声音，却再也无法欣赏眼前的美景，当然还有爱人、孩子和朋友的面容，你又会作何感受？现在，请睁开眼睛，至少花两分钟时间来实践一下之前的三个场景，是的，在继续阅读之前，请实践一下。

在完成了这项实践之后，你现在的快乐指数是多少？请再次用 0 至 10 分来打一个分数，0 代表极端悲惨，10 代表非常幸福。如果你的思维和大多数人无异，那你此时的幸福感一定会有所上升。在我第一次完成这套动作的时候，我感觉自己就像一个被按在水中的皮球，在被释放的一瞬间，皮球突然如喷泉般蹿出了水面。这就是思维减法的巨大作用。

当然，你不一定要脑补失去双臂和双眼的情形，才能放大自己的幸福感。我们也可以想一想，假如自己没有遇到那个一生的爱人，假如自己的孩子在意外中去世，假如自己现在正身处战壕之中，或已经躺在了临终病床上，我们会有何感受。重要的是，仅靠抽象的思考是不够的，我们一定要让自己的内心融入这个场景。

我们曾在第 7 章探讨过：正因为在生活中经历了幸运的偶然事件，尤其是将我们带到世间的那些幸运的巧合，所以感恩对我们而言是一种十分合理的心态。几乎所有心理自助书籍都会要求读者在睡觉之前，将一天中的积极元素回想一遍，并对此心存感激。

然而感恩却伴随着两个问题。第一个问题是我们应当感谢谁？对于没有宗教信仰的人而言，其感激之情往往缺乏接受的对象。第二个问题便是习惯与适应。人类的大脑虽然会对变化做出激烈的反应，然而却能很快适应某种状态。在遇到不可逆转的坏事时，这种适应能力对我们是有利的。因此，假如有亲人离开了我们，或者我们因为一场事故而不得不一生与轮椅为伴，那么悲伤消失的速度会比我们想象的更快。丹尼尔·吉尔伯特将其称为“心理免疫系统”。然而不幸的是，心理免疫系统也会对积极的经历施加影响。在中了百万大奖之后仅仅六个月，我们内心的幸福感便会消失，孩子出生或购置新房的快乐也是如此。我们经历过的好事，有 99% 都不是今天发生的，而是已经持续了一段时间的状态，所以习惯会让我们最初感受到的快乐消失。虽然感恩会通过有意识地读取并强调生活中的幸运，来对抗习惯的力量，但我们也同样会慢慢习惯这种心理强调。所以，每天晚上都坚持回忆积极经历的人，其幸福感会不如那些回忆频率更低的人。这个结果是矛盾的，然而这种矛盾却可以用习惯的“平复力”来解释。

假如你作为运动员参加了奥运会，并且发挥了最佳状态，赢得了一枚奖牌，那么银牌和铜牌，哪一块会让你更开心呢？你肯定会说是银牌。然而在调查了巴塞罗那奥运会奖牌获得者之后，人们却得出了相反的结果：银牌获得者的幸福感不如铜牌获得者。为什么？因为前者想到的是金牌，而后者想到的则是那些没拿到奖牌的运动员。如果能运用“思维减法”，那么这种消极的效果便不会出现，因为“思维减法”的比较对象一直都是没有奖牌的人。当然，你也可以将“奖牌”换成其他任何自己喜欢的东西。

“思维减法”是一项经得起检验的技巧，它能让我们学会珍惜生活中的那些积极元素。因为“思维减法”能够让你获得快乐，所以它注定能为你的美好生活做出贡献。比如你可以想一想，历史上人类的平均寿命曾经是30岁，如果你现在已经不止30岁，那你应当为此而开心，因为每一天对你而言都是一份额外的礼物。假如你还不到30岁，那你虽然还没有收到这份礼物，但你也可以开始期待一份在未来很长时间都能收到的大礼了。

心理学家保罗·多兰曾说过：“人生中的很多快乐都是感受不到的。我们必须要做点什么，来让自己感受到这些快乐。这就好比你在弹钢琴，却不知道自己的曲子听起来如何。人生很多片段都如同弹钢琴，我们无法在过程之中听清钢琴的声音。”只有借助“思维减法”，你才能真正感受到完整的旋律。

39 思考极点

思考好比手电筒，行动才是探照灯

嘘！我要告诉你一个关于作家写作的大秘密：最好的想法都是在写作的过程中出现的，而不是在思考的时候。

即便你不是作家，这个常识也能让你获益，因为它适用于人类活动的所有领域。

只有将产品生产出来并推向市场，企业家才会知道产品是否能获得成功，而消费者调查却无法帮他做到这一点。

推销员只有在经历了无数次拒绝，并完成了无数次改进之后，才能打造出属于自己的撒手锏，这个过程无法通过研究销售秘籍来替代。

父母只有通过每天与自己的孩子相处，才能熟谙育儿之道，育儿指南同样也帮不上他们的忙。音乐家无法通过衡量乐器的潜质来让自己成为大师，他们必须要动手演奏乐器。

为什么会这样？因为世界对我们而言是混沌的：它密不透光，浑浊得像结了霜的玻璃。没有谁能将现实照亮，即便是我们当中最博学的人，其视线范围也只有几米远而已，而且他的视角还会受限。如果想超越自己知识的极限，我们绝不能停在原地，而是要奋勇前进。行动，而不是思考。

我有一个朋友，他是个很聪明的人，拥有 MBA（工商管理硕士）学位（这本身并非坏事），并在某制药公司从事一份不错的中层管理工作。他已经花了十多年的时间尝试创立自己的公司。在这十几年中，他钻研了数百本关于创业的书籍，花了数千小时思考自己的产品，完成了大量的市场研究，写了 20 多份商业计划书。结果呢？直到今天，公司还是没建起来。他总是会达到一个点，在这个点上，思维会告诉他：你的企业构想大有希望，然而接下来的进展则取决于你的实践效果以及竞争对手的行动。这个时候，任何思考都不会再让他前进一步。思考可以获得的额外信息量已经下降到零。我们可以将这一时刻称为思考极点。

我绝不是反对思考！即使花上一点点时间来权衡利弊，我们也能在认知上取得巨大的进步。然而，这一过程带来的回报是快速递减的，达到思考极点的速度快到令人惊讶。比如投资决策：一旦集齐了所有确切的情报，我们最多只需要三天时间思考。针对人力资源的决定，我们可能只需要一天时间考虑。即使是涉及改变自己职业生涯的决定，一周的时间也足够了。也许我们会给自己额外留出一些时间，以避免短期内的情绪波动对决策造成过大影响。但在这之后，思考便无法继续带领我们前进了，为了获得新的信息，我们必须行动起来。

如果将思考比作手电筒，那么行动则是名副其实的探照灯，它的光束能延伸到目不可及的世界。

一旦我们又来到了一片陌生的奇幻之地，那我们随时都可以重新打开思考的手电筒。

下面的问题说明了行动的重要性：你愿意将谁带到大洋中的荒岛上陪伴你？

在继续阅读之前，先花点时间思考这个问题。你的终身伴侣？你的男（女）朋友？你的顾问？你所认识的最聪明的教授？某个艺人？

当然都不是。你要选择一个会造船的人！

理论家、教授、顾问、作家、博主和记者都喜欢通过思考来领悟世界，他们苦思冥想的程度已经远在思考极点之外。不幸的是，这种尝试极少成功。牛顿、爱因斯坦和费曼这样的思想家是极个别的例外。

无论是在科学领域、经济领域还是在日常生活中，几乎所有的进步都是通过与未知世界的“肢体互动”来实现的，也就是将自己置身于陌生的环境之中。

然而，说起来容易做起来难。我自己也同样会思考得过久，直到将思考极点远远甩在身后。

为什么？因为这样做更轻松。深思熟虑会比主动出击更加轻松，反复揣摩会比付诸行动更加轻松。思考的风险是零，而行动的风险总会大于零，因此，我们会更偏爱思考和评论。思考者永远都不会同现实产生冲突，所以他们永远不会失败，而行动者却有可能失败。

俗话说得好："如果你没有得到自己想要的东西，那你便会收获经验。"行动者会在失败中积累经验。

毕加索知道大胆尝试是多么有价值。他曾说过："若要知道你想画什么，你必须要开始画画。"生活也是如此：若要知道自己渴望什么，我们最好着手做一些事情。这个章节也许能为你带来一些思维上的启发，但无论如何，请记住一点：你不可能通过思考来获得美好生活。

尝试借助沉思来发现自己真实的欲望，看到人生的意义，或是找到幸福的黄金核心，这是一种错误的做法，心理学家将其称为内省错觉（见第 8 章）。实际上，这种自我调查可能更会令你身陷沼泽之中，交织的情绪、模糊的思想和混乱的念头便是其中的泥浆。

所以在下一次面临重要的抉择时，你应当先仔细思考一番，但只需要达到思考极点即可。你会惊奇地发现自己到达的速度有多快。

一旦到了这个点，你就应当关掉手电筒，打开探照灯。无论是在职场还是在私生活中，无论你是要为事业还是为爱情投资，这条法则都同样有效。

40 站在对方的立场上思考

角色调换

企业家本·霍洛维茨是贝宝的合伙人之一，如今他是一名风险投资者。几年前，他曾面临一个管理问题：公司中由他领导的两个顶尖部门——客服部和编程部——陷入了争执状态。编程部的程序员指责客服部对客户需求的反应不够及时，从而阻碍了销售；客服部则指责编程部编写的代码有缺陷，并拒绝遵从他们提出的改进建议。

显然，这两个部门间的紧密合作对公司而言至关重要。独立来看，这两个部门均管理良好，并拥有顶级人才，要求他们从对方的角度去看待问题几乎是不可能的。随后，霍洛维茨心生一计：他让客服部经理和编程部经理互换岗位。这并非临时换岗，而是长期调动。起初，两人有些惊慌失措，然而仅仅过去一周，在他们进入对方的角色之后，两位经理便明白了冲突的症结在哪里。在接下来的几周里，他们依照对方部门的需求调整了业务流程，正是从那时起，这两个部门的合作比公司其他任何部门之间的合作都要融洽。

站在对方的立场上考虑问题，这一招很少奏效，因为换位思考所需要的思维跨度太大，而我们对此的好奇心却很小。为了能真正理解一个人，你必须要接过他的摊子，这并非思维实验，而是切实的行动。你需要换上对方的鞋子，亲身体验他所处的境地。

在有孩子之前，我从未将妈妈的工作太当回事儿。现在的我，有时需要独自照看自己的双胞胎宝宝，仅仅半天过后，我便会觉得比经历了十天的商务旅行还要疲惫。当然，很多妈妈之前已经给我讲过了她们的感受，而且无数育儿手册中也都有相关的描述，但这些都无法打动我的内心，最终，是实践让我明白了这一切。

然而令人费解的是，我们极少会使用这个简单的技巧。“从客户的角度看问题”几乎已经成了所有公司的理念。这是一个崇高的想法，但却不够，正确的说法应该是“我们必须成为客户”。有些公司已经开始明白了这一点，比如迅达集团。这家全球领先的升降机和自动扶梯供应商，会要求所有员工在入职的第一年参与三周的现场施工。无论新来的是秘书还是业务经理，他都会穿上蓝色的工作服，在工地协助安装升降机或自动扶梯。

通过这种方式，新员工不仅能了解产品复杂的内部构造，还能体验到在建筑工地工作的感受。此外，他们还会在参与的过程中释放出一个信号："看啊，我可不怕把手弄脏。"这一招足以帮助企业建立融洽的部门关系。

公司喜欢装作与员工打成一片。几乎每家公司的商业报告中都会出现高层领导来到生产线的照片，这一点你肯定知道。然而，下面的场景我们却只会在 1% 的商业报告中看到：高层管理人员穿着工作服，戴着安全帽，在流水线上实打实地工作，即便某一张照片中出现了他们凌乱的发型，他们也不会太过介意。我会倾向于购买这类公司的股票。

思考与行动，这是两种完全不同的理解世界的方式，然而很多人却会将二者混淆。如果你想获得企业管理学的教授职位，那么攻读企业管理学专业肯定会大有裨益，然而如果你想创办企业，这却对你没什么帮助。如果你想成为一名文学教授，学习文学是完美的选择，但你千万不要相信通过攻读日耳曼文学，你就可以成为作家。

至少在涉及如道德之类的抽象领域时，思维总还是能转化成行动吧？埃里克·施维茨格贝尔和约书亚·鲁斯特精确地验证了这个问题。整天忙于研究道德问题的教授，真的是更好的人吗？这似乎是一个合理的假设。借助17种行为，包括献血的频率、关门的方式，以及开会时是否会带走自己的垃圾等，研究人员将道德哲学家与其他学科的教授进行了对比。结果，道德哲学家在道德上的表现一点儿都不比其他人强。

一旦接受了思考和行动分属不同领域的事实，我们就可以用一用这条知识了。

教堂、军队和大学是世界上最稳定的组织，它们已经度过了几个世纪，并在无数场战争中幸存了下来。这些机构保持稳定的秘诀是什么？就是从内部招募人员。每个级别的管理层都非常熟悉那些实用技能，他们知道“下面的人”会作何感受。要成为一名主教，你必须从最底层的牧师开始做起；每个将军都曾当过士兵；只有做过低级别的助理教授，你才有机会成为大学校长。你觉得沃尔玛的首席执行官——一个领导230多万员工的人——有机会成为一名合适的将军，指挥230多万人的军队吗？显然不可能，因为世界上没有哪个军队会考虑招募他。

你应当站在他人的立场上，并真正体验一下。请同你人生中最重要的伙伴互换角色，比如你的伴侣、客户、员工、选民（如果你是政治家）等。要想同他人建立互信，角色转换是迄今为止最有效、最快速、最划算的方式，其效果远胜其他方法。你应当成为传说中的那个喜欢乔装打扮，混入民间生活的国王。由于互换角色有时候不可行，所以我还有一个建议：阅读小说。你读的小说要尽可能多、尽可能好。沉浸在一部优秀的小说中，同主角共同经历每一次高峰和低谷，是一个介于思考和行动之间的行之有效的折中方案。

41 改变世界的幻想（上）

不要痴迷于“伟人理论”

“我们能够改变世界，让它变得更加美好。对此你也可以有所作为。”（纳尔逊·曼德拉）。“只有疯狂到相信自己能够改变世界的人，才能真正改变这个世界。”（史蒂夫·乔布斯）。这些强有力的口号，激发了我们的想象力，并为我们的内心注入了价值、动力与希望。

我们果真能够改变世界吗？尽管报纸总是乐于唱响末日衰歌（也可能正因为如此），然而上面那些口号却从未像今天这般被人们广为赞颂，乐观主义精神也从未在个体层面上如此发扬光大。生活在中世纪、古典时代或石器时代的人，是根本无法理解上面那两句话的。在他们眼中，世界一直都是如此。剧变之所以发生，无外乎是因为国王正在发动战争，或者闷闷不乐的众神为了报复而让地球颤抖。至于某个市民、农民或奴隶就可以改变世界，这种荒谬的想法从未在他们的脑海中出现。

而地球村当下的居民却并不这么想。我们不仅视自己为世界公民，还会视自己为世界工程师。我们会痴迷于这样的构想，即通过创业、众筹和慈善项目便能够重塑世界，就如同那些在硅谷中取得了神话般成就的企业家，或那些书写了世界历史的天才所做的一样。仅仅改变自己的生活，在我们看来已经不够，我们渴望改变整个世界。我们会为致力于实现这一目标的团体工作。由于对团体赋予的“使命”心存感激，我们甚至甘愿以五折的价格出卖自己的劳动力。

“个体改变世界”是 21 世纪影响力最大的意识形态之一，但这只是一个巨大的幻想，其中掺杂着两种类型的认知偏见。第一种是专注点幻觉（见第 11 章）。丹尼尔·卡尼曼对此是这样解释的：“生活中没有什么事真的非同小可，除非你正在想它。”当我们用放大镜观看地图时，我们正在查看的区域就会被放大。我们的注意力好比一个放大镜：一旦我们全身心投入到制定改变世界的策略之中，它在我们脑海中的重要性就会比其实际的重要性大很多。我们总是习惯于高估自己计划的重要性。

第二种认知偏见叫作意向立场，这是美国哲学家丹尼尔·丹尼特提出的概念。意向立场意味着，我们会假设是某种意图推动了改变的发生，无论其背后是否真的存在意图。因此，如果没有人在背后刻意煽动，柏林墙便不会在1989年坍塌；如果没有纳尔逊·曼德拉这样的斗士，南非的种族隔离政策就不可能终结；印度正是因为有了甘地，才终获独立；乔布斯让智能手机变成了现实；没有奥本海默，就不会有原子弹；没有爱因斯坦，就不会有相对论；没有蒂姆·伯纳斯–李，就不会有万维网。在每一次世界发展的背后，都注定藏着一个改变世界的意愿，这便是我们的猜测。

这种推断力是在人类进化的过程中产生的。针对变化背后的动机，想的太多胜过想的太少。倘若灌木丛中正沙沙作响，我们最好不要觉得那只是一阵风，而是应该想到里面可能有一只饥肠辘辘的剑齿虎，或是一名敌军士兵。诚然，肯定有一些人会习惯性地认为是起风了，这种想法虽然能让他们在99%的情况下省去逃跑的体力，但迟早有一天，他们会以悲惨的方式从基因库中消失。从生物学意义来看，今天的人类只是原始人类的后代，依旧拥有过于强大的意向立场。由于这种立场已经深深地植根于人类的大脑之中，所以即便行为人和行为动机都不存在，我们也仍然能看到它们。如果没有纳尔逊·曼德拉，种族隔离的解体怎么会发生呢？除了颇具远见卓识的史蒂夫·乔布斯之外，还会有谁能设计出iPhone这样的产品呢？

意向立场会让我们将世界历史解读为“伟人”的历史（而

且这些“伟人”主要都是男人)。英国作家、政治家马特·里德利在其《自下而上：万物进化简史》一书中，对“伟人理论”进行了彻底驳斥。他说：“有些聪明人恰好在正确的时间出现在正确的地方，而他们可能会得到我们过多的颂扬。”很久以前，启蒙哲学家孟德斯鸠就曾提出过同样的看法。

公元1500年前后，仅仅几个来自葡萄牙和西班牙征服者，便占领了整个中美洲和南美洲。由阿兹特克人、玛雅人和印加人组建而成的帝国以惊人的速度被瓦解。为什么呢？并不是因为出现了像科尔特斯这样特别聪明、特别有天赋的“伟人”，而是因为那些愚蠢的冒险者无意中将欧洲的疾病带到了这个地方。

他们自己已经对这些病免疫，然而对当地居民而言，这些疾病却是致命的。为什么今天有一半的美洲人都在说西班牙语或葡萄牙语？为什么他们会向天主祈祷？这些细菌和病毒才是真正的原因。

书写世界历史的如果不是那些“伟人”，那又会是谁呢？答案是：没有哪个人能独自改变历史。

每一个历史事件，都是在无数趋势和影响力的作用下产生的。历史的运转更像是街上的车流，而不是单个的汽车。从本质上看，世界历史有时是无序的、偶然的、不可预测的。

倘若你为研究历史文献花费了足够的心血，就会发现，所有重大的变革中，都会包含一些偶然因素。此时你便会明白，哪怕是历史上那些最为杰出的人物，也要受自己所处的时代限制。

请正确解读“伟人理论”，只有这样，你才可能拥有美好生活。

R.I.P.

42 改变世界的幻想（下）

为什么我们不应将任何人（至少不应将自己）奉上圣殿

在上一章中，我们分析了“伟人理论”。你可能会觉得还是有那么一些伟人改变了整个国家的命运。而且你可能会想，没有谷登堡，书籍就不会诞生；没有爱迪生，就没有电灯泡；没有莱特兄弟，飞机旅行也将成为泡影。

其实，这三位也仅仅是自己时代中的人物而已。即便谷登堡没有成功，那么也会有其他人发明铅活字印刷术，或者这项技术迟早会从中国传入欧洲（中国人早就在用活字印刷了）。灯泡也是如此：在人们发现电能之后，第一束人造灯光的出现便只是时间问题了，然而这束光绝不在爱迪生家。目前已经证明，在爱迪生之前，已经有 23 个发明家成功地点亮了灯丝。在里德利看来，“尽管爱迪生才华横溢，但他其实完全是多余的”。

再来看一个事实吧：以利沙·格雷和亚历山大·格雷厄姆·贝尔是在同一天申请的电话专利，假如他们中的一个在前往专利局的途中被马踩死了，那么历史也不会因此而发生任何改变。

同样，很多团队都曾将滑翔机与发动机结合在一起，而莱特兄弟只是其中的一个而已。没有莱特兄弟，绝不意味着你今天只能坐渡轮才能去马洛卡岛，因为其他人也能发明有引擎的飞机。

几乎所有的发明和发现都是同样的道理。里德利已经在他的书中证明：不是发明家发明了技术，而是技术发现了属于它的“发明家”。

同样的道理，那些尖端技术的突破也绝不依赖某一个人。只要测量仪器能够达到必要的精度，新的发现早晚都会浮出水面。

从根本上看，一切需要被发现的东西，都会在某个时刻被某个人发现——这便是来自科学的咒语。

同样的道理也适用于企业家和行业领袖。在 20 世纪 80 年代，家用电脑刚刚上市时，我们急需一个能为其研发操作系统的人，而这个人恰好是比尔·盖茨。也许盖茨的替代者无法取得这么高的商业成就，但我们今天依旧会拥有类似的软件技术。

假如没有史蒂夫·乔布斯，我们的智能手机也许外观会逊色一些，但性能却不会有什么差别。

在我的朋友圈中有一些CEO（首席执行官），其中一些领导着拥有数十万员工的大公司。他们工作的态度严肃认真，有时会忙到精疲力竭，但同时也获得了丰厚的报酬。然而，他们也是可以被替代的。退休后仅仅几年，这些CEO的名字就会被人们忘记。通用电气、西门子或大众汽车这样的大企业，过去肯定都有一些杰出的CEO，然而时至今日，有谁还记得他们的名字呢？

这不仅因为CEO的可替代性，实际上，这些企业取得的傲人成就同CEO的个人决策关系不大，而是更应当归功于整体市场的随机趋势。沃伦·巴菲特是这么说的："好的业绩更取决于你上的是哪条船，而不是你在多么努力地划船。"而里德利的说法更为直截了当："绝大多数CEO都是孤独的行者，他们拿着丰厚的收入，却只能在员工激起的浪潮中随波逐流……媒体总是在捍卫他们'封建国王'的形象，然而这只是一个幻觉罢了。"

无论是曼德拉、乔布斯、戈尔巴乔夫、甘地、路德，还是那些发明家和大企业家，他们都不是时代的父母。当然，他们用自己精湛的技艺引导了关键进程。

因此，在将杰出人物奉上圣殿之前，我们应当三思。在面对自己的成就时，我们则应当保持谦虚。

无论你的成就多么不同寻常，事实上，即使没有你，该到来的也还是会到来。

个人对世界的影响微乎其微。作为商人、学者、首席执行官或将军，无论你多么出色，在整个世界的框架下，都是微不足道的。

唯一能够让你发挥出决定性作用的地方，就是你的个人生活。

请专注于自身所处的环境吧，此时你便会发现：打理好自己的生活，本身就是一个足够远大的志向。为何要去努力改变世界呢？为何不能让自己少几分失落？

好吧，或许说不上什么时候，命运也会抛给你一份重大的责任，而你也用自己的责任心和高超的技能承担了这个角色。

你可能会成为最好的企业家、最聪明的政治家、最有能力的 CEO，以及最睿智的学者，但千万不要在这时错误地认为整个人类社会都在等待你的出现。

我从未怀疑过自己的书会像石头一样沉入历史的海洋。

在我死后，我的儿子可能还会念及我一段时间。也许我的妻子，甚至我的孙子也会想起我，但最多也就这样了。此后，罗尔夫·多贝里便会被遗忘，当然，人们也确实应当将我遗忘。

对于美好生活而言，最有价值的策略之一就是别把自己太当回事儿。

3+
5
1-
1
4
6
2
2

43 “正义世界”的谬论

为什么生活看起来不像一部经典的侦探小说

假如有这样两部侦探小说。在第一部中，经过了一番惊心动魄的调查之后，侦探最终确定并逮捕了凶手，凶手被带上了法庭，接受了审判。在第二部小说中，侦探同样经历了一番惊心动魄的调查，却没有发现凶手，于是这个案子只得不了了之，侦探将注意力转向了下一个案件。这两个情节，哪一个更能让读者或观众满意呢？显然是前者。我们的内心是如此期待正义，这令我们难以忍受任何非正义的观念。

然而，这份期待却已远远超越了期待的范畴，因为我们坚信心中这份期待终将实现，即便现在未能实现，将来也会实现。大多数人都深信这个世界基本上是公正的。善有善报，恶有恶报，邪恶的人终会为自己的行为付出代价，凶手终会被绳之以法。

然而现实却并非如此。这个世界有时其实是不公正的。那么，我们该如何面对这个现实呢？我相信，如果你能够将世间的不公当成一种客观事实，并以坚忍的态度接受这个事实，那么你的生活定会更加美好。如果能做到这一点，你将会在自己的人生之路中甩掉很多失望的情绪。

《圣经》中最虐心的莫过于约伯的故事了。约伯是一个受人爱戴、成功而又虔诚的商人，过着十分积极的生活。他颇有声望，婚姻稳定，而且还有十个非常优秀的孩子。总之，他是最令人艳羡的对象，凡事都是顺风顺水。魔鬼对上帝说：“难怪约伯如此虔诚，因为他过得实在太舒服了。一旦遭遇变故，他的信仰很快就会动摇。”

上帝被冒犯了。为了反驳魔鬼的主张，上帝允许他去搅乱约伯的生活。顷刻间，约伯就变得一贫如洗。魔鬼杀死了他所有的孩子——七个儿子和三个女儿，甚至连他的奴隶都命丧黄泉。最后，为了更好地折磨约伯，魔鬼让他患了病。那些令他痛苦不堪的脓疮，正在他的全身肆意蔓延，从头顶直到脚跟。人们嘲笑他，驱赶他。穷途末路的约伯，此时只得坐在房屋的灰烬中。他的妻子给他出了“弃神而死”的主意，然而约伯却继续一如既往地赞美着上帝。他是多么希望借助死亡来摆脱自己的痛苦，但上帝不会允许他这样做。在最后一场风暴临近之际，上帝从旋风中向约伯说了话。上帝告诉他，自己的行为对人类而言是难以理解的，并且也永远不可能被人类理解，人类无论如何也不可能将上帝看透。因为约伯总是保持着忠贞，即便是最为严厉的惩罚，也不曾让他对上帝有所怀疑，所以他最终重获一切，包括健康、财富、家庭以及孩子。上帝赐予了约伯无尽的幸福，并让他长寿。

与标准犯罪小说中那些凶手最终被抓并接受审判的情节相比，约伯的故事听起来显然会更加复杂。他虽然在起初时期经历了极端的不公，然而最终一切还是苦尽甘来。这个故事想要传递给我们的信息是：世界之所以会在有些时候显得不公，只是因为我们无法了解上帝的想法罢了。《圣经》曾说：你们必须要学会忍受不公，因为这种不公并不会永久地持续下去，一切的背后都会有一个公正的计划，只是你们人类由于自身的局限而无法理解罢了。

从心理学的角度来看，这是一个应付命运打击的完美策略：被驱逐，身患癌症，孩子的死去，这些故事都很悲惨，然而从世界的大格局来考虑，它们都会有某种特定的意义，只是轮不上我们来解释这种运转机制罢了。上帝仅仅是在测试我们而已，倘若我们能够持之以恒地信奉他，他便会奖励我们。这种解释能给我们带来几分安慰。其实，我们仍然相信世界有一个公正的计划。我们渴望相信因果轮回的存在，渴望因果报应能嘉奖善行，惩罚恶行，哪怕不是今生，那也会在来世。

英国哲学家约翰·格雷曾写道："在古希腊，人们会理所当然地认为每个人的生命都是由命运和意外控制的。伦理学虽然会研究宽容、智慧、勇气之类的美德，但即便是最勇敢、最聪明的人，也同样会随时面临毁灭与沉沦。我们会倾向于依照'善有善报'的准则来行动，尤其是在公共场合，然而我们的内心却并非真的相信'善有善报'。我们其实明白，没有什么可以在意外来临时保护我们。"

实际上，世间本无任何公正的计划，甚至连不公正的计划也没有。从根本上来看，世界并不道德，然而我们实在是难以接受这一点，以至于科学界不得不为此创造出了一个新的术语——"公正世界信念"。当然，这并非意味着我们不该通过买保险或重新分配社会资产等方式来努力缓解世间的不公，只是在现实世界中，很多东西既无法参保，也无法被重新分配。

我的一位中学老师会采取随机的方式给我们打分，完全无视我们的实际表现。这些信手拈来、完全随机的分数会被直接写入我们的成绩单。我们曾经对此提出了强烈的抗议，在发现抗议无效后，我们冲到校长那里投诉，但校长却对这位拥有博士头衔的老师展示出了必要的尊重，并且没有采取任何措施。这实在是太不公平了，我们怒吼着，然而老师却异常冷静地说："生活本身就是不公平的。这一点你们越早发现越好。"那时的我们，恨不得一把拧断他的脖子。然而时至今日，遥想起来，这应该是我七年中学时光最重要的收获之一。

德国哲学家莱布尼茨曾在300多年前宣称，我们正生活在可能拥有的最美好的世界中（因为上帝不会刻意创造一个糟糕的世界）。几十年后，借助讽刺小说《赣第德》，伏尔泰对莱布尼茨的观点进行了反驳。在经历了1755年那场毁灭了整座城市的里斯本大地震后，任何一个理智的人都不可能再继续相信世间还存在公正的计划了。人人都能过上无忧无虑的生活，这种乌托邦幻想在那时便已消失。赣第德是伏尔泰小说中的主人公，在度过了充满恐惧的一生之后，他最终明白了一点：“人们还是应当在自己的花园中耕作。”

坚信这个世间并不存在公平的计划，是构成美好生活的拼图之一。请专注于自己的花园，也就是你的个人生活。你会发现，这座花园中已经有足够多的杂草等着你拔除了。你生命中所经历的事情，尤其是那些给你的命运带来了沉重打击的事情，其实同你是好人还是坏人并没什么关系。请以冷静且坚忍的心态，坦然接受一切不幸与失败。当然，在面对那些惊人的成就与意外的好运时，你要做的也是如此。

44 货物崇拜

不要制造“稻草飞机”

第二次世界大战期间，太平洋上的那些弹丸小岛成了美军和日军之间最激烈的战场。在这之前，岛上的原住民连士兵的样子都没见过，更不用说吉普车和通信设备了。他们吃惊地注视着茅草屋门前轰轰烈烈的交战：人们穿着奇异的制服，把“骨头”贴到脸上，朝着“骨头”讲话。巨型飞鸟在天空中盘旋，它们投下的包裹随着一块块撑开的幕布缓缓飘落，包裹里装满了罐头。

士兵们拿出罐头同当地人分享。最能让人相信天堂存在的，莫过于从天而降的食物了。在原住民眼中，这些既不打猎也不采摘的陌生来客，肯定是有自己正确的一套，但他们究竟是如何将这些“巨型飞鸟”引来的呢？

第二次世界大战后，军队全部撤出，原住民又成了当地唯一的主人。这时有件新鲜事发生了，在很多岛屿上出现了一个新的仪式——货物崇拜：原住民烧掉了山丘顶部的灌木丛，将烧荒得到的土地用石头围了起来。他们按照1∶1的比例，用秸秆制作了飞机，并将这些飞机放置在自建的“跑道”中。除此之外，他们还用竹子搭建通信塔，将木头削成耳机的形状，模仿着自己在战争中看到的士兵。他们用点火的方式来模仿信号灯，还将曾在士兵军装上见到的徽章文在自己身上。总而言之，他们模拟着机场的情景，只为能吸引那只曾在战争中对他们慷慨赠予的“巨型飞鸟”。

诺贝尔物理学奖得主理查德·费曼在一次演讲中曾经提到了货物崇拜现象：“萨摩亚群岛上的原住民并不知道那些‘巨型飞鸟’究竟是什么。他们做的一切都是对的，他们的仪式无可挑剔，他们营造的场景和过去如出一辙，然而一切都是徒劳的，没有一架飞机降落于此。”借助这个案例，费曼对形式主义进行了抨击。即使在科学界，形式主义的破坏力依旧存在：我们坚持形式，却对内容缺乏正确的理解。

陷入货物崇拜的绝不只有原住民和科学家。比如我的一个朋友，他最大的梦想是成为伟大的小说家。自打攻读英语语言文学开始，他便开始三句不离自己的偶像海明威。海明威的确很优秀，他是第一个出现在全球媒体中的超级明星作家，气质出众，身边从不缺女人，书籍也发行了几百万册。我这位仁兄是怎么做的？他也留起了小胡子，穿着皱巴巴、敞着领口的衬衫，并纵情地品尝着各种鸡尾酒。他给自己买了魔力斯奇那笔记本，因为据说海明威也用过这种本子（其实并没有）。可悲的是，这一切对他的成功（或者说失败）都没有任何影响。我的这位朋友便是货物崇拜的牺牲者。

你可能会嘲笑货物崇拜，然而其覆盖面却大到令人吃惊，甚至延伸到了金融界。想想吧，有多少企业正在效仿谷歌的风格，花钱建造炫酷的办公室，并期待办公室中配备的滑梯、按摩室和免费食品能将人才吸引过来？又有多少雄心勃勃的企业家为了成为下一个扎克伯格，而穿着帽衫与投资者会面呢？

在金融审计师的身上，我们可以看到一种非常成熟的货物崇拜仪式。他们年年都会拿着清单将一切检查一遍：每次董事长开会都有签过字的会议记录吗？所有的费用收据都已填写正确吗？所有营业额的时间划分都正确吗？从手续上看，一切都井井有条。然而一旦公司在几个月后倒闭，或者像安然、雷曼兄弟、美国国际集团及瑞银集团那样陷入困境，审计师则会突然傻眼。显然，他们非常善于识别那些无关紧要的手续错误，却不善于发现实际风险。

音乐界有一个特别有趣的例子：在经历了一段坎坷的晋升

之路后，让·巴普蒂斯特·吕利成为凡尔赛宫的首席作曲家，并在随后被任命为皇家音乐总监。此时的他，针对宫廷音乐作曲中的每一个细节都做出了最精细的定义。比如，歌剧的序曲必须遵循一种非常特殊的结构，歌剧的曲目必须以某种特定的方式重复，第一乐章的节奏必须是“ta-daa”，紧接着必须有一个赋格曲等。

后来，吕利说服国王同意其垄断歌剧领域，不仅是在巴黎，整个法国都是如此。他疯狂地运用着手中的权力，无情地打压着自己的竞争对手。吕利逐渐成为“史上最令人讨厌的音乐家”，然而，欧洲所有的宫廷却都在要求音乐剧向吕利的标准看齐。即使在瑞士阿尔卑斯山区最破烂、最僻静的城堡里，当地贵族也采用了巴黎的惯例。这是最纯粹的货物崇拜，因为这些规矩让贵族们感觉自己正身处凡尔赛宫。

顺便说一下：吕利曾在 1687 年 1 月 8 日指挥了一场音乐会（那时正值他的权力巅峰时期），在音乐会中，他依照惯例，用笨重的指挥棒在地上敲击着节奏，却一不小心戳伤了脚趾，随后那个脚趾开始发炎，变成了坏疽。三个月后，吕利死于败血症，这让法国音乐界长舒了一口气。

千万不要步吕利的后尘。你应当避免任何形式的货物崇拜。请注意一点：非物质的形式主义比我们想象中的要普遍得多。如果你想拥有美好生活，那你就必须看穿这一切，并将形式主义从你的生活中驱逐出去，否则它便会浪费你的时间，并会让你的眼界变得狭窄。

请对那些信奉货物崇拜的人和组织敬而远之，并离开那些靠仪式、言语和表象来撑门面，却不重视效益和成就的企业。

有一点也颇为重要：在真正了解成功人士的成功因素之前，请不要盲目模仿他们的行为。

45 参加属于自己的比赛，你就是赢家

为什么常识只适合作为业余爱好

假如你是当代的平面设计师、飞行员、心脏外科医生或人事主管，那么你对自己的职业领域了解多少？答案是：很多。你的大脑里充满了专业领域的内容。即便处于事业的初期阶段，你也很可能已经比自己的前辈知道的更多了。飞行员不再仅仅需要掌握空气动力学知识和一系列模拟仪器，他们每年都要面对新出现的技术和航空规则，这些都是他们必须要熟悉的。作为平面设计师，你不仅要熟悉 Photoshop（图像处理软件）和 InDesign（专业排版设计软件）这样的软件包，还要纵览最近 50 年的广告美学理论，否则便会在设计时出现炒冷饭的情

况，甚至完全跟不上时代步伐。每年都会有新软件跻身市场，这些软件当然也会出现在你的设计工作中。同样，客户的要求也会水涨船高，视频制作、社交媒体技术，以及虚拟现实技术等方面都可能被涉及。

在你的专业领域之外呢？同该领域的前辈相比，你所知道的是多还是少呢？我的答案是：更少。难道不是吗？每个人的脑容量都是有限的，我们往里填充的专业知识越多，留给常识的空间就越少。也许你现在正在愤怒地抗议：我怎么会是个一招鲜吃遍天的人？没有人想成为那样的人，我们宁愿称自己为全才、主管（比如我就是）或串联者，并滔滔不绝地谈论自己的工作范围有多广，客户组合如何多样化，每一个新项目多么令人兴奋。我们都会觉得自己是那个能统领一切的男人（或女人），而不是一个视野狭窄的专家。

然而，一旦将目光投向那些数不尽的专业领域，从计算机芯片设计到可可豆贸易，我们貌似广博的知识便会瞬间缩水，缩到像火柴盒一样小。你的知识会越积越多，但范围却会越来越狭窄。换句话说，随着专业知识的逐渐增加，我们对其他领域会越来越无知。为了生存，我们必须依赖专注于自己狭小领域的其他工作者，而这些专家反过来也要依赖其他专家。难道你能靠一己之力便快速拼凑出一部新手机吗？

这些专业领域的出现如同雨后春笋，其数量的增长速度在人类历史上是绝无仅有的。千百年来，性别分工是唯一存在至今的劳动分工，这仅仅是因为单纯的生理因素，男人更加高大、强壮，而女人则必须承担孕育后代的任务。如果我们能观察到五万年前祖先的生活和工作，我们一定会惊叹他们精通几乎所有的事情。当时并没有谁是石斧设计、生产、营销、售后、培训以及行业管理方面的专家，也没有人专注于研究如何挥舞斧头。尽管如此，他们却都可以打造出属于自己的石斧，并且熟谙使用之道。当时的猎人和采集者并不明白什么是“职业”。

这种情况直到大约一万年前才有所改变，在那个时期，越来越多的人开始逐渐安定下来。突然间，专业的角色诞生了，比如家畜饲养员、耕农、陶工、测绘员、国王、士兵、挑水工、厨师、文职人员等。与职业一同出现的还有职业领域和专业知识，以及那些专注于某一领域的“呆子”。

石器时代的人只有作为全才才能生存，专家是活不下来的。然而在一万年后的今天，情况却恰恰相反：人们只有作为专家才能生存下来，全才反而没有机会。那些最后的“全才”，即那些可以撰写一切文章的记者，正目睹着自己手艺的价值是如何经历悬崖式下跌的。通识教育价值流失的速度快到令人震惊。

一万年的时间，从进化的角度来看，也就是一眨眼的工夫。所以即使到了今天，身处于小领域中的我们依然会对此感到不自在。作为某个领域的专家，我们常常会觉得自己脆弱、不完整、易受打击。例如，话务中心经理也许会为自己的职业身份感到自豪，但同时也会因为仅仅从事这一份职业而感到惭愧，甚至羞耻。他认为，自己有必要为专业领域之外的、自己不理解的知识而道歉，然而这却是世间再正常不过的事情。

我们应当停止对全才的吹捧了。从一万年前开始，专业化便成为通向职业成就和社会繁荣的唯一途径。在这一万年间，地球上发生了两件令人始料未及的事。

首先，全球化融合了过去由于地域原因而难以碰面的专家。两个相邻城市的男高音，在全球化以前都拿着国家的俸禄，也从来没有互相妨碍。由于唱片的出现，他们突然发现了身处同一领域的彼此，与此同时，这个世界也不再需要一万个男高音了，有三个就够用了。“胜者为王”效应导致了明显的收入不均，少数的胜利者占据了几乎整个市场，而其他绝大多数人则在该领域的边缘苦苦挣扎。

其次，专业领域开始不断细化，出现二级领域、三级领域等。领域的数量如爆炸般增长。过去身处同一领域，但不同地区的专家，现在已经在全球范围内被融合，但他们此时已属于不同的领域。虽然领域内的竞争惨烈，但领域的数量却极为庞大。凯文·凯利曾说过：“赢家的数量是无限的。只要别去参加属于他人的比赛，你就能成为赢家。”

这对于你我而言意味着什么？

第一，我们对自己专业的研究不够极致，所以当别人超越我们时，我们会感到惊讶。举个例子：医院中的放射科医生，如今只有成为某一放射领域的专家（比如核放射专科医师、介入放射专科医师、神经放射专科医师等）才会有价值。所以，你不仅要坚守自己的领域，还需要问问自己：我的领域究竟是什么？当然，这并不意味着你不能偶尔把头伸出井口——你可以通过将自己的领域同其他领域进行对比，来获得很多有益的东西。但在比较过程中，请永远不要忽视自己的领域，也就是自己的能力圈（见第 14 章）。

第二，只有成为该领域全球范围内最优秀的人，“胜者为王”效应才能帮助你。如果不是这样，你就必须进一步专攻。如果你想成为胜利者，那你就必须参加属于自己的比赛。

第三，不要为了改善职业前景而去囤积各个领域的知识。从经济学的角度来看，这不会让你变得更加强大。时至今日，通识教育只有作为爱好时才有意义。所以，如果你真的对通识感兴趣，不妨静下心来读一本关于石器时代的书，但千万不要让自己变成石器时代的“全才”。

46 军备竞赛

远离战场的理由

你还能想起一二十年前的复印店是什么样子吗？是的，几台复印机孤零零地守在店里，有些机器配备了投币口，我们只需要投币便可自助打印。时至今日，复印店已经脱胎换骨。它们更像是一些小小的印刷厂，可以提供彩印服务以及上百种不同材质的纸张。高科技的机器能自动将打印稿装订成册，如果需要，甚至还可以再配上硬质书皮。你可能会想，这样炫酷的科技定会为复印店老板带来不菲的收益。遗憾的是，并没有。事实上，复印店本来就已经十分微薄的利润，在这几年又经历了进一步的缩水。此时我们不禁会问：这些如此昂贵的机器究竟带来了哪些价值？

很多年轻人认为，上大学是收获锦绣前程的前提。平均来看，持有大学学位的职场新手，拿到的起薪的确比没有学位的人更高一些。然而，仔细一算，除去为上大学而花费的钱和时间，一些学生的实际收入并不高，甚至比那些没有接受高等教育的人还要低一些。如此看来，这些时间和金钱的投入的价值何在？

在出版了全世界最畅销的儿童文学读物《爱丽丝梦游仙境》之后，刘易斯·卡罗尔又在1871年出版了其续集《爱丽丝镜中奇遇记》。书中的红桃皇后（一个象棋角色）曾对小爱丽丝说过一句话："在这个世界里，你必须以最快的速度奔跑，才能让自己留在原地。"这句话精确地描述了复印店和学生们面临的动态环境，以上两个案例均涉及了"军备竞赛"现象。这本来是一个军事术语，然而这股支撑着军工业根基的暗流，却已经出现在了各行各业之中：人们互相效仿，被迫武装自己，到头来，整个过程毫无意义。

让我们回顾下这两个例子以及刚才的问题：所投入的资本，其价值何在？其实，一部分流向了消费者，而更大的一部分却被复印机供应商和大学收入囊中。约翰·卡西迪曾在《纽约客》杂志中写道："如果人人都有了大学学位，那么这张文凭并不会让你与众不同。要想在此时获得梦寐以求的工作，你便需要在精英大学就读。教育因此会成为'军备竞赛'，并让'武器制造商’获利。在这个案例中，大学就是获利方。”

陷入“军备竞赛”的人很少会有所察觉。这会导致他们走的每一步，进行的每一次投资在自己眼中都是有意义的，但所有这些行动的总体成效却是零，甚至是负值，因此你应该好好审视一番。如果你已经陷入了一场始料未及的“军备竞赛”，那就早早抽身。我可以保证，你无法通过这场争斗来获得美好生活。

你应当如何抽身呢？答案是：尝试找出一些没有受到“军备竞赛”影响的领域。在我和几个朋友创立 getAbstract 公司时，我们的原则之一便是避免陷入“军备竞赛”的洪流，具体来说就是找到一个没有竞争的行业领域。十几年来，我们一直都是唯一的图书摘要供应商，这是一个梦幻般的局面。

在前面的章节中，我们讨论了专业化的重要性。然而，仅仅有专业化还不够，因为即使在一些微小的领域中，隐形的“军备竞赛”也依然存在。你需要找到一个对自己而言得心应手、游刃有余的，同时还不受“军备竞赛”影响的领域。

值得注意的是，“军备竞赛”正在很多人的职场中上演。一旦同事延长自己的工作时间，你为了防止自己落伍，也不得不延长自己的工作时间。实际上，这只是浪费时间，因为你的做法已经完全不在合理生产的范畴之内。只要将自己和原始社会中那些狩猎者和采集者比较一下，我们就会发现：他们每周只会工作 15 至 20 小时，其他时间都是属于他们的闲暇时光。这简直是天堂般的生活。其实，如果我们能抛弃“军备竞赛”，那我们也可以过上这样的生活。也难怪人类学家将狩猎者和采集者生存的年代称为“最初的富足社会”。在那个社会中，财富的攀比并不会出现，因为当时的人还居无定所。弓箭、毛皮、孩子……作为游牧民族，他们要带的东西已经够多了，难道还要再给自己增加额外的负担吗？谢谢，还是算了吧。所以在当时，能激励“军备竞赛”的社会体制是不存在的。

如今，时移世易。“军备竞赛”不仅会在职场中发生，哪怕在个人生活中，只要稍不小心，也会很快陷入“军备竞赛”的泥潭。别人发的推文越多，你发推的次数就会越多，只为能保持自己的存在感。别人在打理脸书个人主页上花的时间越多，你为此花的时间也得越多，只为避免自己被社交媒体遗忘。身边整容的朋友越多，你感受到的威胁就会越大，就会越来越觉得自己也得去挨上几刀。而其他的社交“标尺”，比如服装款式、饰物价值、住房面积、汽车马力、业余运动的成绩（马拉松、铁人三项、铁人五项）等，又何尝不是如此呢？

如今，人类每年会发表200万项科研成果。而在100年前（爱因斯坦的时代），这个数字甚至不到今天的1%，然而当时科学界“破冰”的频率却与目前旗鼓相当。“军备竞赛”即使在科研领域也依旧存在。科研人员的薪酬和晋升机会，取决于其发表文章的数量以及文章被引用的频率，因此，别人发的文章越多，被引用的次数越多，自己就越得加油多发文章，以免掉队。这样的竞争，和追求真知并无多大关系，学术期刊才是背后的受益方。

如果你想成为音乐家，千万不要选钢琴或者小提琴。钢琴家和小提琴家是地球上最不快乐的音乐家，因为这两个领域中的竞争是最残酷的，并且仍旧愈演愈烈。每一年，千万名来自亚洲的新晋钢琴家和小提琴家都会将世界各地的音乐厅挤满。因此，请选择一个稍微冷门的乐器，这会让你能够更轻松地跻身乐团。即便你的水平并非世界一流，你的演奏也能很快让人眼前一亮。如果你是钢琴家或小提琴家，人们则会把你同郎朗或安妮–索菲·穆特进行对比，而你也会拿自己同他们来比，这种比较最终会影响你的幸福感。

你需要从“军备竞赛”中脱身，但这股暗流有时却很难被发现，因为每一轮“扩军”看起来都合情合理。因此，请记得偶尔到部队之外走走，并以俯瞰的角度观察战场。“军备竞赛”意味着一系列代价高昂的“惨胜”，而你最好能置身事外，不要让自己成为疯狂的牺牲品。只有在大家不会为“军备竞赛”而争斗的领域，美好生活才会成为可能。

47 让偏执狂成为你的朋友

为什么你要认识“圈外人”，但却不要让自己成为他们

“犹太教堂的长老向大家正式宣布：我们用写在托拉律法上的一切咒语诅咒巴鲁赫·斯宾诺莎。我们排斥他，驱逐他，诅咒他，在白天和黑夜诅咒他，在他睡下和醒来时诅咒他，在他来和去时诅咒他。愿主永远不会宽恕他。我们在此警告各位：禁止通过口头或书面的形式同他交流，禁止帮他做任何事情，禁止与他同处一个屋檐下，禁止与他的距离在四米之内，禁止阅读他写过的任何东西。”

借助这些诅咒的话语（原文出自 1656 年，长度差不多是上

文的四倍，而言辞则要尖锐五倍），人们将当时年仅 23 岁的、感情十分脆弱的斯宾诺莎逐出了位于阿姆斯特丹的犹太教会。人们用当时最官方的方式将他贬为“不受欢迎的教外之人”。尽管这位年轻的思想家在当时还没有出版任何东西，但他自由的思想已经激怒了当时的教会。如今，斯宾诺莎被认为是人类历史上最伟大的哲学家之一。

今天的我们，在看到这些诅咒的话语时会付诸一笑，然而可怜的斯宾诺莎在当时却并不觉得这些话很好笑。想象一下，假如有关当局正在通过新闻、报纸、宣传画以及一切社交媒体平台咒骂你，各个地方都遍布着监察组织，专门负责监督别人不得靠近你，不得与你交谈，那你会作何感受？显然，这在当时对斯宾诺莎的冲击是巨大的。

如果你是商务会所的一员，你就能感受到这个会员身份为你带来的好处。你可以自由进出会所区域，那里的丝绒沙发睡起觉来很舒服，小茶几上摆的都是最新的杂志，而且在那里，你总能遇到一个与自己志同道合的人，然后和他聊上几句。简而言之，那里的一切设施都是在迎合你的需求。

世间绝大多数人，其实都是一个或多个“俱乐部”的成员，他们可能是某个企业的职员、某所小学的学生、某个高校的教授、某个城市的市民，或者某个协会的会员等。所有的这些团体都在迎合我们的需求。我们已经让自己很好地适应了团体，并同时感受到了团体的关照。

然而也总会有些人不属于任何一个俱乐部，他们要么自愿游离在团体之外，要么根本没有被团体接纳，或者像斯宾诺莎一样被扫地出门。绝大多数“另类”属于喜欢胡搞的人，但并非所有的“另类”都是如此，在这个群体之中，偶尔会出现一些仅靠一己之力便能让世界前进一步的人。事实上，科学、经济和文化领域中的诸多重大突破，都应当归到“另类”群体的名下，这些群体数量多得惊人。爱因斯坦没有找到大学的教职，所以他只能在波恩当一名三流的专利业务员，靠着微薄的工资苦熬度日。正是在这份工作之余，他完成了对物理的革命。而在这200多年前，年轻的牛顿发现了万有引力定律，此外还开创了一个完整的数学分支。他所属的团体（剑桥大学三一学院）由于肆虐的瘟疫不得不关闭，而他则在乡下度过了两年时光。达尔文也是一个自由的研究者，他的名字从未出现在任何一个学院的工资清单中，也从未担任教授职位。撒切尔夫人是英国有史以来最厉害的首相之一，这位曾经的家庭妇女，仿佛一夜之间便跻身政坛。爵士乐是一个完全由“另类”开创的音乐流派，说唱音乐也是如此。在那些伟大的作家、诗人、思想家和艺术家中，也同样不乏“不按套路出牌”的人，比如克莱斯特、尼采、王尔德、托尔斯泰、索尔仁尼琴、高更等。当然，我们没必要对这些“男伟人”或“女伟人”过度崇拜（见第41章），因为即便没有他们，也会有别的“巨头”来占据他们的位置，并发挥出同样伟大的作用。我想说的关键是：同“圈内人”相比，这些“圈外人”往往会更快取得突破。

圈外人有一个战略上的优势：他们不必坚守团体公约，并为此浪费时间。绝大多数团体都会在自己的章程中规定一些没意义的事，而圈外人则不必参与这些烂事。他们不会让自己的智商被那些图案精美，但内容空洞的幻灯片玷污。他们会避开会议中那些令人窒息的权力斗争。他们可以优雅地无视一切形式主义，拒绝一切邀请。他们也不用出席那些只为露一下面的活动，因为他们根本就收不到这类请柬。他们无须为了避免被逐出某个组织，而坚持“正确的立场”，因为他们根本就不在里面。

圈外人的另一个优势是，由于身在局外，所以针对现有体制中的缺陷和矛盾，他们的目光会更加敏锐，而团体内的成员则会被一些制度蒙蔽双眼。圈外人能看得更深，他们对现状的批评不会含糊其辞，而是直指要害。

过上圈外人的生活，这是一种充满浪漫色彩的想象，然而你却不应该成为他们中的一员。因为此时，社会中的各种力量会开始对付你，强大的逆风会无情地朝你怒吼。正因为这个世界会调动所有力量来对抗圈外人，所以他们中的绝大多数都会粉身碎骨，只有极少数才能如流星般绽放光芒。圈外人的经历适用于电影片段，却不适用于创建美好生活。

我们应该怎么做呢？你可以将一只脚踏入团体，这会确保你能够享受会员资格带来的一切好处，但请同时用另一只脚来探寻。我知道，这听起来像一个不可能完成的柔术训练，但事实上你是可以做到的。你应当维系与圈外人的友情，尽管这说起来容易做起来难。同圈外人打交道，你应当遵守以下几条准则。（1）避免阿谀奉承：你需要做的，是真正参与到他们的工作中去。（2）对地位的轻视：圈外人完全不会在乎你有没有博士头衔，或者你是不是扶轮社的社长。（3）宽容：圈外人很少守时，而且他们有时候会蓬头垢面，或者穿五颜六色的衬衫。（4）互惠：你也要同他们分享属于自己的资源，比如想法、金钱和人脉。

如果你能将这种“劈腿”练好，你甚至可能成为二者之间的桥梁。史蒂夫·乔布斯和比尔·盖茨都成功地做到了这一点：他们都曾经身处于团体之中，但同时也都与当时那些疯狂的“科学怪人”建立了密切的关系。而在今天，同圈外人打交道的CEO已经非常罕见，所以我们也不必好奇为什么有那么多企业都缺乏新创意了。

把梵高的头像挂在墙上，胜过自己当梵高。最理想的情况是，你能让那些活着的梵高出现在自己身边，越多越好。他们新鲜的观点将会影响你，并为你的美好生活做出贡献。

48 秘书问题

为什么我们人生中的样本太少

假设你要招聘一位秘书，现在有100位女士看到招聘信息后前来参加面试，你需要按照随机顺序，对她们进行单独面试，并在每一次谈话后立即决定是否聘任对方，你不能过一天再做决定，也不能等所有的面试都结束后再择优录取，而且你在面试后做出的决定无法撤回。此时你该怎么办？

你应当选择第一位表现不错的女士吗？那你也许会错过那些最优秀的秘书，因为后面的应聘者可能在面试中表现得同样出色，甚至更胜一筹。或者你想先面试95个人，来让自己对所有应聘者的水平有一个整体感觉，然后再在最后五人中，选出一位与之前最优秀的候选人水平差不多的？可假如最后五个人的表现都令你失望，你该怎么办？

这个问题数学家都知道，人们称其为“秘书问题”。令人惊奇的是，针对该问题，的确存在唯一的最优解：你应当首先面试 37 个人，然后将她们全都拒绝，此时你已经知道这 37 人中最优秀的那位是什么水平了。在随后的面试中，只要出现比之前的冠军还要优秀的候选人，那你便立即将其录用。一旦运用了这个方法，你的决定将会非常出色。虽然你未必能选出最棒的那位，但你肯定能选出一位相当优秀的秘书。统计学已经证明，其他任何方法都达不到这么好的效果。

37 这个数字究竟有什么特殊的地方？ 37 除 100，结果正好是数学中的常数 e（约为 2.718）。假如只有 50 人应征，那就先拒绝掉前 18 位（50/e 的结果），随后再聘用第一位表现比前 18 人都好的应征者吧。

秘书问题最初被称作“婚姻择偶问题”，具体来说就是：在同他人结婚之前，我应当先与多少位女士（或男士）试婚？由于恋人的数量不可预知，所以之前说的方法并不是很好用。出于这个原因，数学家给这个问题改了名字。

美好生活绝非是一场与数学精确度有关的游戏，用沃伦·巴菲特的话说就是：“近似的正确，胜过精确的错误。”这条帮助巴菲特完成投资决策的法则，你也应当在面临人生决策时坚守。既然如此，秘书问题为何依旧重要呢？答案是：它能在我们面临重要抉择时提示我们，在做出最终决定之前究竟应当“试水”多久。与秘书问题相关的实验已经证明，绝大多数人在选择“面试者”时，都过早地做出了决定。而当我们面临针对事业、职位、领域、配偶、居住地，以及最喜欢的作家、乐器、运动或度假地的选择时，我们应当先在起初阶段，在较短的时间内多尝试各种不同的方案，最好比自己想要尝试的还多一些，随后再做出最终的决定。在很好地了解了各种可能性之前便做出决定，绝非理智行为。

为什么我们总是倾向于过早做决定？我们为什么总是没有耐心？第一，样本试验要花费精力。如果面试五个人就能完成任务，那我们有必要面试 100 个人吗？为了选择一个工作岗位，我们有必要去参与十场面试吗？这种做法很费力，绝对比我们想象的更费力。第二，样本本身会黏住我们。我们很可能仅仅因为在年轻时曾初探过某一行业，便抓住这个行业不放。诚然，我们的确在这个领域中做出了自己的事业，但假如当时的我们，能够对样本实验多付出哪怕一点点的热情，我们便很可能在某个其他行业中也获得同样的成功，甚至还能获得更大的成就和更多的快乐。第三，我们喜欢拥有一个被清理干净的头脑，希望能完成一个主题，然后跳到下一个。针对不太重要的决策，这无可厚非，然而一旦面临重大决策，这种做法绝对是有害无益的。

我家的保姆是个 20 岁的姑娘，几个月前，她沮丧地敲响了我们的房门。她的男友，也是她目前为止唯一的恋人，在不久前离开了她。泪水在她的眼眶中打转。我们曾尝试借助理智来劝她："你还这么年轻，还有大把的时间！你应当先试着同 10 个或者 20 个男孩子打交道，然后你就会对目前的'行情'有所了解。只有这时，你才会知道究竟谁才能真正与你长久共处，而你又与哪个男孩子合拍。"她依旧愁眉不展，只是苦笑了一下。我没觉得我们真的说服了她，至少在那一刻没有。

遗憾的是，有时候我们所有人都会像这位保姆一样。我们的样本容量太小，我们的决定太过仓促，这一切用统计学家的话来说就是"缺乏代表性"。我们所依赖的，是自己对现实的错误印象。

我们相信，只要认识宇宙中的两三个男人或女人，就能找到那个能共度一生的人，我们也可以用同样的方法找到最理想的工作、最好的住处等。

当然，这是有可能发生的，如果你真的经历了这种好事，那我会发自内心地为你感到高兴，但即便如此，那也只是偶然的运气而已，我们不能指望自己总能有这么好的运气。

这个世界远比我们想象的更大、更复杂，同时也更加丰富多彩。所以，请在年轻的时候尽量多完成一些样本实验。在成人阶段的最初几年中，最重要的绝不是挣钱或谋求事业发展，而是去了解生活的方方面面，所以你应当以极端开放的态度，接受命运为你安排的一切。

你应多读书，因为小说——无论是长篇小说还是短篇小说——都是对生活极佳的模拟。而一旦上了岁数，你就应当切换一下人生模式了。

你应当在选择的时候坚持极其苛刻的态度，因为此时的你，已经清楚自己究竟喜欢什么，不喜欢什么了。

49 期望管理

期望值越低，幸福感越强

那是 1987 年的除夕夜。半年之前，我的初恋女友离我而去。从那时起，我便过上了孑然一身、孤独漂泊的生活。我住的宿舍是个简陋的阁楼房间，公用厕所在楼下，我要么整日待在学生宿舍无所事事，要么躲在图书馆里，但这样颓废下去可不行，我总得找个新女友。机会终于来了：鲁特利饭店的大门口贴出了一张新年夜盛大派对的海报。我满怀期待地搞到了一张门票，抹上不少发胶，心想今晚一定会成功！

我一边无比笨拙地迈着机械舞步，努力扮酷，一边扫视着烟雾缭绕的舞厅。可惜所有美女的身边都有了自己的男伴。我瞄准时机，一看到哪位姑娘从男伴的怀抱中脱离出来，便赶紧抛出微笑示意，然而她们却只会把我当空气。那时的感受，就仿佛有人拿着红酒起子朝着我的心脏扎了进去，然后又将它一圈一圈地拧进了我的心窝。新年的钟声越是临近，这种痛苦就越强烈。临近午夜，我终于离开了饭店。这个夜晚堪称一场溃败，我口袋里又少了 20 瑞士法郎，却没有将任何一个姑娘钓上钩。

若是没有期待，人脑将无法运转。我们的大脑是一部充满期待的机器：转动门把手时，我们期待着门会打开；拧开水龙头，我们会期待着水流出来；登上机舱那一刻，我们则会期待着空气动力学原理能保证飞机平稳地飞行；我们期待着太阳晨升夕落。我们仿佛从未发觉这些期待，只因万事万物的运行规律早已深刻地烙进了我们的脑海，我们无须下意识地思考。

然而在面对不寻常的情景时，我们的大脑也同样会生成期待，就像我在新年夜派对上的悲惨经历一样。如果我事先拿出一点时间，从现实的角度清醒地审视一下自己的期待，我便不会如此失落了。

研究表明，期待会极大地影响我们的幸福感，而不切实际的期待更是幸福的头号杀手。举个例子：不断增长的财富固然会使人感到快乐，但当你的年收入达到 10 万欧元之后，金钱对你而言就没那么重要了（见第 13 章）。然而即便你的收入低于这个阈值，如果你对收入的期待比收入本身增长得更快，那么你的幸福感也会降低，这是在伦敦经济学院任教的心理学家保罗·多兰提出的观点。

那我们该如何应对自己的期待呢？我的建议是：你应当像医生分诊急救病人一样，对自己的想法进行归类排序，将“我必须做的”“我想要做的”“我期待做的”进行区分。第一类事情强调的是必要性；第二类是愿望，或者说是偏好和目标；第三类则是期待。让我们来依次分析一下。

先说说那些“必须要做的事”。我们常常能听到这样的话：“我一定要成为 CEO”“我必须得写完这本小说”“我肯定得生孩子”。不，你不是非得做到这些。除了呼吸、吃饭和喝水之外，没有什么是你必须要做的！只有极少数的愿望才会成为“必须”二字的基础。因此，你不如这样说，“我想成为 CEO”“我想写完这本小说”“我的目标是生个孩子”。如果把所有愿望都看作是人生中必须完成的使命，那你在别人眼中只会变成一个闷闷不乐、不好相处的人。此外，无论你的智商多高，这种心态都会诱导你做出蠢事。所以请将那些所谓的人生使命从你的待办清单中划掉吧，越快越好。

接下来说说愿望。没有任何愿望（目标、偏好）的人生，意味着虚度的人生，可我们也不能因此就被愿望束缚了手脚。你要知道，有些愿望是你无法实现的，因为它们不由你控制。你能不能成为 CEO，不仅需要监事会的表决，而且竞争、股价、媒体、家庭等因素都会对此施加影响，然而这些全都是你无法控制的变量，它们就好比一个个关卡。写小说和生孩子也是同样的道理。对此，古希腊哲学家的言论堪称精彩，他们将我们偏爱的东西称为“无关紧要的偏爱”，意思是说：我们虽然有所偏爱（例如，比起大众高尔夫，我更想要保时捷），但这份偏爱对于我们的幸福而言却无足轻重。

在看完了那些所谓的人生使命和愿望之后，我们再说说排在第三位的期待。你遭遇的许多坎坷与不顺，都应归咎于那些不切实际的期待，尤其是对于他人的期待。你不能指望别人顺遂你的心意行事，这就好比你不能指望天气的好坏能由你的心情决定一样。

尽管你的期待对于外界影响甚微，但对你的内心而言却是一股不可小觑的力量。如果我们抱着随意的态度来处理自己的期待，那我们便会允许别人来影响并改变它。广告和销售便正是利用买家期望值的范例，比如当银行家向你推销一款金融产品，并向你展示未来现金流的复杂预测时，其实就是在尝试打造你的期待。因此，我们这种随意的态度不仅使自己的期待松如沙土，而且还为他人敞开了大门，让他们也能在这片沙地上动土。请不要让这种事发生！

那么，人们该如何建立合乎实际的期待呢？第一步：在每次小聚、每次约会、每个项目、每场派对、每个假期之前，在读每本书、开展每一次计划之前，你都要先将任务、目标和期待清晰地区分开。第二步：用 0 到 10 之间的数字来对自己的每一个期待评级，0就如同你对灾难的期望值，而10则代表你对实现人生理想的期望值。第三步：将每一个期待的分值都减掉两分，然后把你的心理预期也调整到新的数值上。完成整个过程最多需要十秒钟。在思考这些数字的过程中，你会打断自己不由自主拔高内心期待的冲动，同时还给自己留出了一定的缓冲空间。此时，你的期望值不仅适中得当，甚至还可能比应有的略低一点。以上三步我每天都会进行几次，这对提升我的幸福感颇有成效。

我们的期待就好比氢气球。我们会将它放得越来越高，直到它最终破裂，变成干瘪的碎片从空中飘落。因此，我们不能把任务、目标和期待混为一谈，而是要将三者清晰地区分开。有意识地管控自己的期待，是获得美好生活的必备技能。

50 史特金定律

如何调节自己的“垃圾探测器”

科幻小说家的日子并不好过，特别是在为大众市场创作的时候。文学评论家会将他们贬得一文不值，然而事实上，科幻故事中的确有很大一部分都是三流作品。所以，想要靠那些为数不多的佳作来捍卫整个领域的荣誉，真的是难于登天。

在 20 世纪 50~60 年代，泰德·史特金是美国最高产的科幻小说家之一。树大招风，史特金总是要默默忍受那些来自文学评论家的点评，比如“科幻小说 90% 都是垃圾”。对此他是这么回应的：“没错，你说得对，但在所有已经出版的读物中，也同样有九成都是垃圾，任何门类都是如此。”他的回答被称作

“史特金定律”，并最终载入史册。

乍一看，史特金的估计有些过于悲观了，但仔细想想则不然。回忆一下吧，有多少本书是你从头到尾都抱着享受的心态读完的，而又有多少本书，你只是翻了几页便失望地丢在了一旁？再想一想，电视里放的电影，有多少部你是从头到尾看完的，又有多少部你看着看着便换台了？这个比例基本符合史特金定律。

正如美国哲学家丹尼尔·丹尼特所说，史特金定律不仅仅适用于图书和电影：“任何事物，其中90%都是垃圾。物理、化学、进化心理学、社会学、医学、摇滚与乡村音乐界……各个领域均是如此。”至于这个比例恰好是90%，还是只有85%，甚至高达95%，这倒的确存在争议，不过计较这个也没什么必要，我们就简单地认为它是90%吧。

第一次听到史特金定律的时候，我的内心便轻松了很多。我之前一直坚信，人们拿得出手的成果，绝大多数都是重要的、经过深思熟虑的，并且是有价值的。由于心怀这种信念长大，所以每当有什么不合心意的东西出现在我身边时，我都会从自己身上找原因。今天我明白了：如果一部戏剧在我眼中是一场彻头彻尾的失败，那并非因为我缺乏修养；如果一个商业计划给我留下了糟糕的印象，那也并非因为我缺少商业细胞；如果在一场官方宴会中90%的人都让我觉得无聊，那也并非因为我缺乏博爱之心。不，原因并不出在我身上，而是出在这世间。我们可以大声地说：90%的产品都是劣等货，90%的广告都是垃圾，90% 的电子邮件都是扯淡，90% 的推文都是无稽之谈，90% 的会议都是浪费时间，90% 的发言都是空话连篇，90% 的邀请都是我们应当拒绝的活动。总而言之，这世间的一切，无论是物质还是精神，90% 都是垃圾。

那些将史特金定律记在心里的人，肯定会过得更开心，因为史特金定律是一件卓尔不群的思维工具，它会“允许”你将看到、听到、读到的绝大多数内容都放在一边，而不会有愧疚的心理。这个世界就好比一个被空话充斥的会场，而你则不必用心去听。

请不要尝试着将世界从这些没有价值的元素中净化出来，你办不到的。这个没有理智的世界，一定会比那个有理智的你存在得更长久。所以，请对自己的选择加以限制，仅仅选择那些少数有价值的东西，而将其他的都放在一边。

其实在史特金之前的几十年，投资者便明白了这个道理。早在 1949 年，本杰明 · 格雷厄姆就在自己的经典著作《聪明的投资者》中，将证券市场比喻成一个失去理智的人，此人名叫“市场先生”。这位“市场先生”每天都会冲着你高呼最新的报价，即那些他所中意的股票买卖价。“市场先生”的情绪会像悠悠球一样起起落落，他有时会因亢奋而表现得很乐观，有时又会因恐慌而显得悲观。好消息是，你作为投资者，并不一定要接受“市场先生”的报价。你只需要静静等待，让他的吼叫从你的耳边划过，直到他给你提供一个只有蠢人才不会拿下的报价为止。比如当市场出现恐慌的时候，“市场先生”就会让你能够以极低的价格购买到高质量的股票。“市场先生”高呼的内容，其中有90%，甚至99%都是你可以放心忽略的。然而可惜的是，很多投资者并不会将证券市场看成一个失去理智的、狂躁忧郁的、吵吵闹闹的人，而是会将它当作真理的化身。因为总是将股票的“价格”和“价值”搞混，所以他们只能赔钱。

其他市场同样也会日复一日地为你提供新的产品、电影、游戏、生活方式、资讯、人脉关系、业余活动、度假胜地、饭店、体育比赛、电视明星、YouTube视频、政治观点、职业机会，以及一些设备或应用。你应当将自己的目光从绝大多数供给中移开，就像是在菜市场看到了烂苹果一样。它们中的90%都是毫无意义的三流产品，说白了就是垃圾。如果市场的呐喊声实在太大，那你应当将耳朵堵住或者干脆离开。市场本身绝不是衡量产品重要性、品质和价值的准绳。

假如你此时作为猎人或采集者，正生活在一个约50人的小部落中，那么你遇到的绝大多数元素都会与生活密切相关：一棵植物是能吃还是有毒？一只野兽是能被你捉住还是能捉住你？部落里的成员是会救你的命，还是会对你造成威胁？那时的情况与史特金定律恰恰相反：重要的内容占了九成，剩下的一成“垃圾”则是人们围着篝火时聊的一些逸事，或是洞穴墙上胡乱涂画的动物图案，以及一些让你这位部落智者嗤之以鼻的萨满习俗。总之，九成关键，一成胡言。

时至今日，二者的比例已经反转，甚至随着市场上产品和服务的不断增多，发表“精神财富”的门槛不断降低，垃圾的比例还在继续升高。由于人类大脑的硬件和软件都是为石器时代而配置的，所以我们很难像丹尼尔·丹尼特一样，用极端的目光来看待世界。从垃圾的世界中抽身，并不是一种自然的行为，而对垃圾的侦察力也并非与生俱来，我们必须有意识地培养这名“侦探”才行。

史特金定律不仅对外部世界有效，它也同样适用我们的内心世界。以我为例：我心中 90% 的主意都是毫无用处的，90% 的感觉都是毫无道理的，90% 的愿望都是毫无意义的。正因为对这一点心知肚明，所以我会十分谨慎地思考，自己应当对哪些来自个人的“精神产品”加以重视，对哪些则应当一笑而过。

不要抓住别人给你提供的每一件垃圾不放；不要在自己刚刚对一件事产生兴趣的时候，便去追逐自己的欲念；不要因为某些设备或应用的存在便去不断尝试。因为只有极少一部分内容才是有价值的、一流的、重要的。史特金定律会帮你节省大量的时间，并能让你避免很多愤怒。请认清主意和好主意、产品和好产品、投资和优质投资之间的差别，请认清垃圾的真面孔。对了，还有一个小窍门想介绍给你，这条法则在我的印象中总能应验：如果你不能确定一个东西是不是垃圾，那它肯定就是垃圾。

51 对谦虚的赞美

将自己看得越轻，生活就会越美好

奥斯曼大道、弗什大道、兰塞罗博士街、保罗·杜美大街、武阿杜勒·里博大道、科勒贝大街、拉斯帕伊大道，这些都是巴黎著名街道的名字。但如今谁又知道，这些街道纪念的人到底是谁？你不妨试着猜一猜。

毋庸置疑，这些人都是各自时代的翘楚，比如城市规划者、将军、科学家等。假如你生在当时，那你也定会为收到乔治-欧仁·奥斯曼的晚宴邀请而欣喜若狂。

如今呢？眼下，你在走出拉斐德百货商场，接着迈上奥斯曼大道时，却丝毫没有为这些名字花费任何心思。鼓囊囊的购物袋在你的臂弯左右摇摆，里面都是些你根本用不着的东西。正值盛夏，林荫道上水汽氤氲，融化的香草冰激凌滴到你的T恤上，又顺着滴到了你的百慕大短裤上。你的手指也黏糊糊的，你对街上挤来挤去的游客大军感到恼火，却不知自己也是其中的一员。最让你恼火的还是糟糕的交通，车辆从你身边呼啸而过，行驶在石板路上。这条石板路是一位令人尊敬的城市规划者的杰作。至于他姓甚名谁，你一点也不在乎。奥斯曼是谁？大概早被历史的爬虫蚕食干净了。

哪怕是奥斯曼、弗什、拉斯帕伊这样的鼎鼎大名，最多也只是为四代人所熟知。而眼下这些响当当的人物，也会在区区数载之后便湮灭在历史长河中。简而言之，再过100年，至多200年，很少有人还会记得比尔·盖茨、唐纳德·特朗普或安格拉·默克尔是谁。亲爱的读者，无论是你还是我，区区几十年后，我们的名字都极少会有人再提起。

假设有A和B两种人：A类人有着无比强烈的自尊心，而B类人则恰恰相反，他们谦卑自持，即便有人偷了他们的粮食，夺了他们的房屋，甚至拐走了他们的配偶，B类人也会从容应对，他们告诉自己“这就是人生啊。我会再去找些粮食，换个房子，寻个新伴”。而A类人的反应截然不同，他们会勃然大怒，并激烈地捍卫自己的财产。试想一下，哪种个性的人更有可能把自己的基因传给下一代呢？毫无疑问是A。事实上，我们无法在完全舍弃自我本性的情况下生存。你可以尝试一下，在一天之内不将“我”和“我的”这两个词说出口。我曾经试过，并以一场彻头彻尾的失败而告终。简而言之，我们都是A类人。

问题是，我们从A类祖先那里继承的自尊心过于敏感脆弱，这种心态会令我们的生活变得一团糟。我们总是因为几句不中听的话而大动肝火，尽管同石器时代的危险相比，这种侵犯是那么渺小可笑。我们总是感觉自己没有得到充分肯定，感觉自己的成绩和努力没有得到应有的褒奖，感觉自己被冷落。然而，大多数情况下，别人的做法确实是对的，因为我们并没有自己想象中的那么重要。

我的建议是：用下个世纪的眼光来审视自身的价值。无论你现在是何等传奇的人物，再过百年，你所有的功绩声名终将归于尘土。美好生活的基本准则就是：不要把自己看得太重。骄傲和幸福呈反比关系，也就是说，你越是谦虚自持，你的生活就会越美好。原因有三。

第一，重视自我会花费大量的精力。自视甚高的人，必须同时开启发射设备和雷达设备，一方面向外界发送信号，塑造完美的自我形象，另一方面则像雷达一样不停地探测外界的回应。朋友，省省力气吧，把这两个东西全都关掉，然后把注意力放在工作上。说得具体一点：不要再像个小丑一样，只顾炫耀自己的成功传奇，也不要再靠高攀名人来抬高自己的身价了。哪怕刚刚教皇私下接见了你，也没什么大不了的。你可以为此感到高兴，但请不要把你们的照片挂到客厅中。如果你是百万富翁，请不要用资助的方式，将教学楼、教授岗位或足球场都冠上自己的名字，这种行为虚荣至极。既然如此，那我们为什么不直接买下电视广告来为自己唱赞歌呢？奥斯曼之类的名流，得到的冠名可是免费的。

第二，我们越是一味抬高自己，就越容易掉入自利偏差的陷阱。因为此时我们做事不是为了实现某一目标，而是为了标榜自我。你会看到，自利偏差经常会在投资者身上出现。他们购买豪华酒店或人气型科技公司的股份，并非因为这些股票有多好，而是想借此抬高自己的身价。此外，习惯自我标榜的人往往也高估了自己的学识和能力（所谓的“过度自信”），这会导致严重的决策失误。

第三，你会为自己树敌。过度重视自我的人，不会允许别人也这么做，因为这会贬低他们的相对位置。所以，你一旦成功，那些同样自恃过高的人便会立马将矛头指向你。这可不是美好生活该有的样子。

相信你已经发现了，你的自我意识是敌不是友。这当然算不上什么新的认识，在过去的2500年中，这句话甚至是看待问题的一贯准则。早在斯多葛学派的时代，其学者便开始让自己远离过度的自我价值感，其中一个经典例子是马可·奥勒留：他曾觉得罗马皇帝的身份让自己感到很不舒服，并在其日记（《沉思录》）中，不断告诫自己保持谦逊。这绝非易事，尤其是当你已成为世界上最强大的人时。不仅在哲学界，对自我意识的控制在宗教界也同样存在。在很多宗教信仰中，自尊心甚至被视作魔鬼的化身。直到近代200年来，人们才逐渐开始追求自我解放。如今，几乎每个人都已经成为自己的“代言人”。

回头想想，在茫茫几十亿人中，我们每个人都只不过是沧海一粟。我们偶然来到这个世上，又悄然离去，俯仰之间度过了短暂的一生。每个人一辈子都曾做过无数蠢事（我也不例外）。你应该庆幸没有哪条著名的街道以你的名字命名，因为这只会使你倍感压力。谦逊的生活方式，会大幅度提升我们的幸福感。对于我们每个人来说，要做到骄傲自信很容易，但要做到谦虚自持却绝非易事。然而，谦虚与实际生活的兼容度更高，同时，谦虚还能帮助我们平息情绪的浪潮。

很多人认为，谦虚的人会受到惩罚。谦虚会让别人敢于对你肆意妄为，难道不是吗？事实恰恰相反：只要坚持自己清晰的“外交政策”（见第9章），那么你越谦虚，别人便会越尊重你。要做到这一点，你必须诚实，首先是对自己诚实。

如今，自视过高已经成为现代文明的通病。我们沉迷于自己的世界，就好比一只叼着鞋子不放的小狗。所以，丢掉那只鞋子吧！它毫无价值，而且很快就会变得臭气熏天。

52 内心的成功

为什么输入比输出更重要

每个国家都有下面这类榜单：瑞士有“瑞士富豪300强”排行榜；德国的《经理人》杂志每年都会刊登一个名单，里面是500个最富有的德国人；《挑战》杂志会将年度极其富有的法国人都列出来；美国《福布斯》则会刊登全球亿万富翁的名单，年复一年。此类清单总会给我们留下同样的印象：这些都是全世界成功的人，他们都是企业家（或企业家的后代）。

类似的榜单还会针对权力最大的总裁、文章被引用次数最多的科学工作者、身价最高的艺人、转会费最高的运动员以及收入最高的演员等。每个领域都有自己的“成就榜单”，然而这些成功的人，他们的成就究竟有多高？这个问题的答案取决于人们对“成就”的理解。

社会能借助其衡量成就和颁发荣誉的方式，来控制个体成员对个人时间的支配。美国心理学教授罗伊·鲍迈斯特曾经说过：“在这个狭小的、充满竞争的社会中，荣誉是颁给为家里带来最多食物的人（猎人），还是杀敌最多的人（战士），这绝非随机事件。同样的道理，母亲们的名望是会上升还是下降，也完全取决于一个社会是希望其人口数上升还是下降。”当代社会会将《福布斯》排行榜之类的榜单当成大旗挥舞，以便昭示我们，什么才是“正确的道路”。

为什么当代社会正将它手下的“羊群”朝着追逐物质财富的方向驱赶，而非其他方向（比如争取更多的清闲）？为什么上榜的都是极其富有的人，而不是生活满意度最高的人？原因很简单：经济增长会促进社会团结。“对更高的生活水平的期待——无论其希望多么渺茫——都能够控制住财富分配的压力。”这句话出自银行家萨蒂亚吉特的书，他在书中还引用了美国联邦储备局前主席亨利·沃利希的话：“只要经济在增长，希望就会存在，而希望则会令人们甘于忍受巨大的贫富差距。”

为了让自己不被《福布斯》排行榜之类的东西逼疯，我们必须明白两件事。首先，成功的定义是时代的产物。1000 年前，我们根本无法想象世间会存在这类榜单，而 1000 年后也是如此。沃伦·巴菲特已经和比尔·盖茨轮流占据榜首好多年了，他就曾经承认，自己绝不可能出现在属于石器时代的榜单中："假如我在几千年前来到这个世界，那我已经是野兽的美味佳肴了。"在不同的年代，社会会挥舞不同的大旗召唤你，但目标却相同——让你信服其对成功的定义。请不要盲目地追随这种召唤，因为美好生活一定会在其他地方等着你。

其次，物质方面的成功属于百分之百的随机事件。虽然我们不愿意用运气来解释这种成功，但事实的确如此。你的基因、你的出生地、你的智商、你的意志力……正如我们在第7章所看到的，你对以上一切因素都施加不了任何影响。当然，成功的企业家会努力工作，并做出明智决定，但这同样取决于他们的基因、出生地以及生活环境。所以，请将《福布斯》排行榜当成一个随机排行榜，并停止膜拜榜单上的人。

不久前，有个朋友趾高气扬地告诉我，某个身价百亿的富豪曾邀请他共进晚餐，而我却只能耸耸肩。为什么要为此而骄傲呢？为何如此渴望同富翁见面？其实，这位富翁是不是一个有趣的谈话伙伴，才是他此时唯一值得考虑的因素，而对方的财产则完全不重要，因为富翁送钱给他的可能性为零。

针对成功，我想为你的内心带来一个全新的定义，一个至少已经有2000年历史的定义。依照这个定义，成功与社会分配荣誉的方式毫不相干，也无法通过那些世俗的榜单来衡量。我的定义是：内心的成功才是真正的成功。就是这样！

这与烧香、冥想和瑜伽都毫无关系。追逐内心的成功，是最理智的行为之一，同时也是西方思想的根基。古希腊和古罗马的哲学家将这种成功命名为“不动之心”，而德语中也有一个美丽的词语与之对应——seelensruhe(精神的平静)。谁能拥有不动之心，谁就能平静地面对命运的打击。换句话说，一个成功的人，无论他的人生是青云直上，还是面临迫降，他都不会失去内心的平静。

如何才能获得内心的成功？我们应当仅仅专注于那些自己能够改变的元素，并将其他一切坚决屏蔽掉。我们的焦点应该是付出，而不是收获，因为我们可以控制自己的付出，却不能控制自己的收获。由于意外事件总会让自己入戏，所以针对金钱、权利、趋势等，你的控制力都非常有限。如果你专注于这些元素，那么一旦失去了它们，你便会在失意中沉沦。相反，如果你练就了一颗冷静、坚定、平和的内心，那么无论命运之神做出了什么样的安排，你都会在绝大多数的时候感受到快乐。简而言之，内心的成功会比外在的成功更加稳定。

约翰·伍登是美国最成功的篮球教练，他的成就已经远超其他人。伍登曾要求他的队员用完全不同的方式来定义成功：“成功是内心的平静，只有在你为了成为最好的自己而拼尽全力时，你才能获得这份平静。”成功并不意味着奖项、金牌或天价转会费，成功是一种态度。颇具讽刺意味的是，时任总统小布什曾为他颁发了代表美国最高荣誉的自由勋章，然而同伍登本人相比，这次颁奖给布什总统带来的内心触动应该会更大。

当然，平心而论，没有人能百分之百追求内心的成功，并对外在的成就嗤之以鼻，然而我们却能够借助日复一日的练习来让自己接近那颗“不动之心”。你应当在一天结束之前检讨一下：我今天在哪里失败了？我今天在哪些时候让自己被有毒的情绪伤害了？哪些我无法控制的打击让我动摇？我应当运用哪些思维工具来提升自我？你没必要成为墓地中最富有的那一位，而是在此岸今生，成为内心最成功的那个人。“让你旅途中的每一天都成为杰作！”这是伍登反复传递给队员的理念。你也应当这么去做，内心的成功是永远不可能彻底达到的，我们只能通过毕生的练习才能去追逐，去接近这种成功。没有人能够替你完成这项工作。

实际上，那些追逐外在成就（比如财富、CEO 职位、金牌或荣誉称号）的人，也同样在追求内心的成功，只不过他们自己不知道罢了。某个 CEO 会用红利为自己买一块价值 20 万欧元的万国“超卓复杂款”手表，也许因为他喜欢表的外形，也许还因为这块表会吸引别人羡慕的目光。他买万国表，是为了能让自己的内心感觉良好，否则他便不会买了。

无论从哪个角度看待这个问题，事实都是如此：人们追逐外在的成就，是为了获得内心的成功。既然如此，我们为什么还要去绕外在成就这条远路呢？让我们行走在通往幸福的直路上吧！

后 记

“生活很容易”这个看法本身是个陷阱，所有人都会时不时地掉进这个陷阱，年轻的时候尤其容易，但在人生其他阶段也不能幸免。获得美好生活并不是一个平淡无奇的任务，即便是很聪明的人也常常无法做到。为什么呢？

我们创造了一个我们无法理解的世界，在这个世界中，直觉不再是可靠的指南针，这个世界充斥着复杂和不稳定性。在这个不透明的世界中，我们尝试着借助仍属于另一个时代，即石器时代的大脑来为自己导航。进化论无法让我们的大脑适应如此迅速的文明化进程。外部世界在过去的一万年中已经发生了剧变，然而我们的内部世界，即我们的大脑，却还停留在能看到猛犸象漫步吃草的那个世纪。

因此，在身边准备一个装满思维工具的，能够随时为你服务的工具箱就变得十分必要。思维工具能够帮助我们客观地观察世界，并长时间保持理智的行为。如果我们日复一日地使用掌握了这些思维工具，那我们就能够逐渐调整、优化我们的大脑结构。这些在心理学中常常被称为“策略法”的思维工具，虽然无法确保你获得一段美好生活，但与相信直觉相比，它们可以在多数情况下帮助你提升自己的决策和行动。我确信一点：思维工具比金钱和感情更重要，它甚至比智商还重要。

自打我针对“美好生活”写作以来，人们便开始问我：什么是美好生活？如何给美好生活下定义？我的观念和中世纪的否定神学是相同的。针对“上帝是谁 / 上帝是什么”的问题，神学家的答复是：我们不能说上帝是什么，我们只能说上帝不是什么。美好生活也是如此：我们不能说它究竟是什么，我们只能确信地说，哪些不属于美好生活。假如你的生活不幸福，那你肯定会意识到这一点。你也一定能发觉自己的某个朋友正过着不幸福的生活。很多读者受困于我针对“美好生活”写作，却没有对此下定义。我觉得这种对定义的苛求并不是很理智。用诺贝尔奖得主理查德·费曼的话说：“如果你知道了某种鸟用全世界所有的语言该怎么说，那你对这种鸟本身定会一无所知。所以，让我们来仔细观察这只鸟吧，看看它在做什么，这才是最关键的。我在很小的时候就已经明白了‘知道一样东西的名称’和‘了解一样东西’之间的区别。”

本书中的 52 种思维工具是从哪里来的呢？来源主要有以下

三个。第一，过去40年来的心理学研究，其中包含了精神心理学、社会心理学、幸福研究、策略法研究（针对直观推断和偏见的研究）、行为经济学，以及临床心理学的一些应用领域，其中，效果显著的认知行为疗法所占的分量是最重的。

第二，斯多葛学派，也被称为坚忍克己主义。这种极为实用的哲学思想起源于古希腊，并在公元2世纪的罗马帝国迎来了自己的全盛时期。斯多葛学派的代表人物有泽农（该流派的创始人）、克利西波斯（该流派在古希腊时期的重要代表者）、塞内卡（他对我而言就如同“古罗马的查理大帝”）、穆索尼乌斯·鲁弗斯（一位成绩卓著的老师，曾一度被尼禄皇帝流放）、爱比克泰德（鲁弗斯的学生），以及罗马帝国皇帝马克·奥勒留。马克·奥勒留曾写过一本书，由自己的笔记组成，他将那些笔记称为自我观察。遗憾的是，斯多葛学派的影响力随着罗马帝国的覆灭而消失了。虽然该学派从那时起便再也没能完全复苏，但在过去的1800年中，对于追求生活实践哲学的人而言，斯多葛学派一直都是一个秘诀。

斯多葛学派非常重视实践训练（此类训练我在本书一些章节中同样建议过）以及生活准则。生活准则之所以很有价值，是因为它们易于理解，而且会像警示胶带一样阻止我们迈出欠考虑的步伐。冒着让内容显得粗浅的风险，我容许自己在引用经典准则之余，在本书中插入了部分原创的生活准则。

第三，有着悠久传统的投资类著作。巴菲特的商业伙伴查理·芒格是世界上成功的价值型投资者之一，也是我们这个时代伟大的思想家之一（不仅在我看来如此）。所以，我容许自己多次引用他的文献。投资者尤其渴望能够看透这个混沌的世界，因为他们必须要尝试在缺乏很多信息的情况下，尽可能准确地估量未来。投资者思考的结果，最终是通过盈利和亏损体现的，所以从本杰明·格雷厄姆开始，投资者就渴望能用尽可能客观的视角来观察世界，以及拥有一套能防范冲动性决策的思维模式。因此在过去的100年中，投资者创造了一套极度实用的思维工具，它们的适用范围已经远远超出经济领域。从价值型投资者的生活准则及思维模式中提炼出的生活智慧，多到令人咋舌。

当代心理学、斯多葛学派以及投资者的思维模式，这三大来源相互融合得如此完美，看起来仿佛出自一人之手。然而它们的产生过程却是相互独立的。人生中并不会有很多灵光乍现的时刻，我一生中最大的灵感之一，便是发现这三个方面能够彼此间如齿轮般无缝衔接。

最后，我还有四点说明。第一，思维工具不止52种，我之所以选择52这个数字，是因为本书与我之前的两本书《清醒思考的艺术》和《明智行动的艺术》有一定关联，而前两本书也均由52章组成。根据情景的不同，我们也许需要同时使用两种（最多三种）思维工具。第二，之前的很多章节都曾在《新苏黎世报》和《德国商报》中作为专栏文章刊登过。专栏文章必须短小精悍，所以附带的注释以及文献标识都没有出现在文章里。第三，为了表述简洁，我在绝大多数时候都仅使用了经典的男性词汇，但它们的指代对象却既包括男性，也包括女性，这一点毫无疑问。对于美好生活而言，轻视女性绝对是错误的做派。第四，本书中出现的所有错误以及不完整描述均由我一人负责。

致谢

我感谢科尼·盖比斯托夫，感谢他认真地审阅了本书，并进行了必要的润色。没有每周将自己的想法转化成文字的压力，本书也就不会面世。我感谢《新苏黎世报》的文艺专栏主编雷内·舒，感谢他将本书中的部分内容预先发表到了每周专栏中。要在《新苏黎世报》高端学术的专栏中安插一个如此生活化的板块，真的需要脸皮厚一点才行。我同样感谢葛勃尔·施丹戈特和托马斯·图马，感谢他们让我的文章在《德国商报》中获得了一个舒适的位置。

我真的不认识比皮柏出版社的马丁·雅尼克更专业的非小说类文学作品编辑了。在他审校完我之前的作品《清醒思考的艺术》和《明智行动的艺术》之后，我很开心他能继续接下本书。我感谢邦尼集团德国区总裁克里斯蒂安·舒马赫格布勒，出版商菲丽茜塔斯·冯·罗芬贝格以及皮柏出版社所有出色的工作者。此前还从未有哪家出版社如此热情地欢迎过我。

谢谢盖伊·斯皮尔送了我一尊查理·芒格的半身像，这尊重达 40 公斤的青铜像成为我花园的装饰。现在塑像的头部已经被常青藤环绕，所以芒格看起来有点像罗马大帝了。

没有过去几年中无数有关美好生活的信件和对话交流，也就不会有今天这本书。感谢你们为我提供的那些宝贵的想法（排名不分先后）：托马斯·申克、凯文·亨、布伦诺·弗雷、阿洛伊斯·斯塔特勒、弗雷德里克·佩兹斯奇内尔、曼弗雷德·吕茨、乌尔斯·桑塔格、基普·布莱克利、里奇·卡卡、休休·胡芬纳、彼得·贝弗林、马特·里德利、米歇尔·汉贾特纳、汤姆·拉德纳、阿莱克斯·瓦斯默、马克·沃尔德、克塞尼娅·西多罗娃、阿维·阿维特、乌里·希克、努马·比索夫·乌尔曼和科琳娜·比索夫·乌尔曼、霍格尔·里德、埃瓦尔德·里德、马塞尔·罗内尔、拉菲罗·安德烈、娄·马里诺夫、汤姆·伍杰克、让·雷米·冯·马特、乌尔斯·鲍曼、丹·吉尔伯特、卡莱尔·范·谢克、马尔库斯·英博登、乔纳森·海特、乔舒亚·格林纳、马丁·瓦尔泽、安格拉·库尔内克和阿克塞尔·库尔内克、盖伊·斯皮尔、弗兰兹·考夫曼以及丹尼尔·丹尼特。

如何能让生活在长达几十年中一直都美好？我的父母乌里和露特便是光辉的榜样。多谢你们所做的一切。

我要向我的妻子致以最大的谢意。本书中谈到的很多思维工具都是来自萨比内的心理学研究以及她的生活经验。

我感谢自己三岁的双胞胎儿子努马和艾维。虽然他们在我写作的过程中夺走了我很多睡眠时间，但假如没有他们，我便写不出来这本书——尽管这听起来有些矛盾。